AF400203

# Rundgang durch die Physik

von

Martin Michl

Bibliographische Information der Deutschen Nationalbibliothek:
Die Deutsche Nationalbibliothek verzeichnet diese Publikation
in der Deutschen Nationalbibliographie; detaillierte bibliographische Daten sind im Internet über http:/dnb.dnb.de abrufbar.

© 2021 Martin Michl
Herstellung und Verlag:
BoD – Books on Demand, Norderstedt

ISBN: 9783754311745

# Inhalt

# Prolog

Also ich habe im Physikunterricht immer Comics gelesen. Wenn mein Bruder mir dann die Zusammenhänge erklären wollte, konnte und wollte ich sie einfach nicht verstehen. Warum eigentlich?

Physik ist nicht nur die Lehre von der Natur, die sich auf die ganze Welt bezieht. Physik heißt, zu erkennen, was diese Welt im Innersten zusammenhält.

Nun hatte ich ja Gott sei Dank einen Bruder als Physiker, der sich damit gerne auseinandersetzte. Bleibt noch die Frage, warum mich das nicht interessieren wollte.

Nun zum einen ist es nicht so einfach zu verstehen. Ich verlange vom Leser auch nicht, dass er jede Denkakrobatik in diesem Buch nachvollziehen kann. Doch die Grundaussage ist das Elementare dieser Lehre. Und gerade die machte mir unheimlich Angst, wobei ich vom Unfassbaren ausging. Doch hat mir diese Lektüre gezeigt, dass es durch die physikalischen Regeln fassbar - denn logisch strukturiert und berechenbar - wird und ihm scheinbar einen Sinn verleiht. Oder war gerade das meine Furcht? Einer Illusion beraubt zu werden und die grundlegenden Fragen des menschlichen Hier und Jetzt beantwortet zu bekommen, was ernüchternd sein kann.

Dieses Buch hat mir aber auch gezeigt, dass der Naturwissenschaftler keineswegs höhere Mächte, übernatürliche Kräfte oder die Existenz eines Gottes ausschließen muss... im Gegenteil. Vielleicht führt gerade die Physik dorthin.

Hier setzt dieses Buch auch an. Es kommen gleichsam mit der Erkenntnis der physikalischen Grundsätze die Fragen auf, die jedem Menschen innewohnen. Kann man damit Leben erklären oder ist da doch mehr? Ist das Schicksal vorbestimmt? Das zeigt auf, das die Naturwissenschaft und die Theologie keineswegs im Widerspruch zueinander stehen. Denn auch mit der aufgeklärten Sichtweise basierend auf Grundgesetzen sprechen wir von einer Schöpfung und einem Ursprung. Zudem ist es beruhigend, in dieser Ordnungsmäßigkeit zu leben. Jeglicher Sinn wird nicht angezweifelt und bleibt damit offen... steht dann also für ein Später.

Da man die Fülle der Physik als zumindest zweispurig richtungsweisend sehen kann, finden wir auch Raum für andere Religionen und Geisteswissenschaften. Liegt dem menschlichen Miteinander die Quantenphysik zugrunde oder sind wir gar durch das Quantenfeld – auf verborgene Weise und auch auf Distanz - untereinander verbunden und in stetem Austausch? Beeinflussen die Himmelskörper gar unser Geschick? Spiegelt das Weltmodell sich auf der Erde wider? Auch die Astronomie und Astrologie finden unter Umständen zueinander und die Mantras des Buddhismus sehen sich bestätigt. Darin ruht der Nachweis, dass jeder Glaube seine Berechtigung hat. Forschung ist letztendlich auch Sinnsuche nach der ultimativen Eingebung und Antwort.

Dieses Buch ist ein Nachruf für meinen Bruder, der sich hiermit zur Aufgabe machte, seine überdurchschnittlichen Kenntnisse in dieser Materie und sein außerordentliches

Wissen in verständlicher und komprimierter Form zusam-
menzufassen. Die Nachwelt wird es ihm danken.

# Die Natur: Materie in Raum und Zeit

Was ist Physik überhaupt? Der Name kommt vom altgriechischen Wort *physis*, die Natur. Die Physik ist demnach die Lehre von der Natur. Mit Natur gemeint ist dabei letztendlich die ganze Welt, in der wir leben.

Unsere Welt ist erfüllt von materiellen Dingen der verschiedensten Art. Materielle Dinge nennt der Physiker Körper, ob das nun ein Stein, ein Buch, ein Ball, ein Auto, ein Regentropfen oder ein Mensch ist. Die Materialien, aus denen Körper bestehen, heißen in der Physik Stoffe, wie etwa Holz, Eisen, Papier, Glas, Wasser oder Luft.

Körper und Stoffe kommen in der Natur in drei Zustandsformen vor: fest, flüssig und gasförmig. Wie das vertraute Beispiel Wasser zeigt, können viele Stoffe je nach ihrer Temperatur in allen drei Zustandsformen auftreten. Bei 0 °C gefriert Wasser zu Eis, bei 100 °C verdampft es zu unsichtbarem Wasserdampf (Dampfschwaden sehen wir erst, wenn sich aus dem Gas bereits wieder lauter winzige Wassertröpfchen gebildet haben). Selbst Gestein beginnt bei Temperaturen über 1000 °C zu schmelzen (z.B. in Lava), und bei -200 °C ist auch Luft eine Flüssigkeit.

Gleichsam die Bühne, auf der sich das ganze Geschehen dieser Welt abspielt, bilden Raum und Zeit. Körper beanspruchen einen gewissen Platz im Raum, d.h. sie haben ein Volumen, und ohne Zeit gäbe es nur Stillstand und keinerlei Veränderungen.

Der Raum, in dem wir leben, ist dreidimensional: Ein Zimmer hat eine Länge, eine Breite und eine Höhe. Um die Lage eines Ortes genau zu beschreiben, benötigt man in der

Regel drei Angaben. Einen Punkt mitten in einem Zimmer kann man z.B. folgendermaßen finden: Geht man von einer Ecke aus zunächst x Zentimeter die Längswand entlang, dann y Zentimeter parallel zur Stirnwand und schließlich z Zentimeter in die Höhe - die drei Zahlen x, y und z nennt man Koordinaten des Punktes. Und die Lage Ihres Hauses auf der Erdoberfläche kann man durch die geographische Länge, die geographische Breite und die Höhe über dem Meeresspiegel angeben.

In unserem dreidimensionalen Raum eingebettet gibt es auch Gebilde mit weniger Dimensionen. Zweidimensionale Gebilde sind Flächen wie ein Fußboden oder die Oberfläche eines Balls, und eindimensionale Gebilde sind einfach Linien, ob sie nun gerade verlaufen oder gekrümmt wie eine Kreislinie.

Die Zeit ist ein schwerer fassbares Phänomen. Zwar sind wir alle - im doppelten Sinne - mit der Zeit groß geworden, aber was ist Zeit eigentlich? Die Zeit schreitet ständig voran, und zwar in eine Richtung - von der Vergangenheit in die Zukunft. In der Tat können wir die Zeit nur indirekt charakterisieren: Sie macht sich dadurch bemerkbar, dass sich Dinge mit der Zeit verändern, wie etwa bei Bewegungen der Ort eines Körpers.

Bei periodischen Bewegungen ist der Körper nach offensichtlich immer gleichen Zeitintervallen wieder an der gleichen Stelle oder in der gleichen Stellung. Solche Zeitintervalle eignen sich daher als Zeiteinheiten. So bezeichneten die Menschen schon früh die Zeitdauer, in der sich die Erde einmal um ihre Achse durch die beiden Pole dreht, als einen Tag, die Umlaufzeit des Mondes auf seiner Kreisbahn um die Erde als einen Monat und schließlich die Umlaufzeit der Erde auf ihrer Kreisbahn um die Sonne als ein Jahr. Uhren benutzen als Taktgeber periodische Schwingungen aller Art.

## Masse: Jeder Körper ist schwer und träge

Was ist Materie? Für den Physiker ist Materie alles, was eine Masse besitzt. Die Masse eines Körpers ist in der Physik das, was wir im Alltag in Kilogramm angeben. Daher drückt die Masse zunächst einmal aus, wie schwer ein Körper ist. Da die Erde alle Massen anzieht, wirkt auf die Körper der Erdoberfläche eine Gewichtskraft oder Schwerkraft. Die Gewichtskraft ist der Grund dafür, dass wir und alle Körper unserer Umgebung am Boden bleiben bzw. zu Boden fallen. In unsrer alltäglichen Umgebung wirkt die Gewichtskraft nach unten, betrachtet man jedoch die gesamte Erdkugel, dann ist die Gewichtskraft stets zum Erdmittelpunkt hin gerichtet. Deshalb stehen die Australier auf der entgegengesetzten Seite der Erde genauso fest auf dem Boden wie wir.

Jeder Körper besitzt eine Masse - ob er nun fest, flüssig oder gasförmig ist. Dass auch die scheinbar flüchtige Luft sehr wohl eine Masse hat, erkennen wir am Luftdruck. Die Atmosphäre, also die Lufthülle unserer Erde, reicht bis in über 10 km Höhe, wo sie allmählich in das Vakuum sprich in den luftleeren Raum des Weltalls überzugehen beginnt. Auf dieser Höhe summiert sich einiges an Masse zusammen, und so lastet auf jedem Quadratzentimeter der Erdoberfläche 1 Kilogramm Luft.

Die Masse eines Körpers äußert sich aber nicht nur in seiner Schwere, sondern auch in seiner Trägheit. Wenn man einen vollen Einkaufswagen in Bewegung versetzen will, muss man ihn kräftig anschieben, weil der träge Wagen in Ruhe bleiben will und sich mit seiner Masse gegen die Beschleunigung wehrt. Sobald der Wagen aber einmal in Fahrt ist, will er aufgrund seiner Trägheit auch diesen Bewegungszustand beibehalten und rollt von alleine geradeaus weiter. Nun braucht man nur noch eine kleine Kraft aufzubringen, um das bisschen Rollreibung auszugleichen, das den Wagen sonst bremsen würde. Will man den Wagen aber schnell zum Stehen bringen, muss man wiederum kräftig an ihm ziehen, um seine Trägheit zu überwinden.

Obgleich sowohl Schwere als auch Trägheit von der Masse herrühren, sind sie an sich zwei verschiedenartige physikalische Eigenschaften von Körpern. Die Schwere macht sich auf der Erde immer bemerkbar - auch wenn der Körper ruht - und ist die Ursache für die Gewichtskraft. Die Trägheit hingegen tritt erst hervor, wenn der Körper bewegt wird. Auch braucht man ja beim Anschieben des Einkaufswagens in der Regel weniger Kraft, als um ihn hochzuheben.

Sir Isaac Newton, der große Pionier der modernen Physik, veröffentlichte im Jahr 1687 sein grundlegendes Werk *philosophiae naturalis principia mathematica* („Die mathematischen Prinzipien der Naturphilosophie"). Darin formuliert er zwei Naturgesetze, die beide Seiten der Masse erfassen. Zunächst das Gesetz zur Trägheit: Damit ein Körper seinen Bewegungszustand ändert, muss eine Kraft auf ihn wirken.

Die Kraft ist nötig, um die Trägheit des Körpers zu überwinden. Je größer die Kraft, desto größer ist auch die Beschleunigung, d.h. desto schneller nimmt die Geschwindigkeit des Körpers zu oder ab (eine Bremsung ist für den Physiker eine negative Beschleunigung). Je größer hingegen die Masse des Körpers, desto kleiner fällt die Beschleunigung aus.

Diese Aussagen kann man am Beispiel des Einkaufswagens leicht nachvollziehen. Auch wenn man mit dem rollenden Wagen eine Kurve fahren will, muss man eine Kraft aufwenden. Eine Änderung der Bewegungsrichtung ist physikalisch gesehen ebenfalls eine Beschleunigung, für die eine Kraft nötig ist. Ein Hammerwerfer, der seinen Hammer im Kreis um sich herum schleudert, muss ihn ständig mit einer Kraft auf sich zu ziehen, um ihn auf die Kreisbahn zu zwingen. Eine solche zum Kreismittelpunkt hin gerichtete Kraft heißt Zentripetalkraft.

Aus dem Newton'schen Kraftgesetz folgt umgekehrt: Solange auf einen Körper keine Kraft wirkt, behält er (wegen seiner Trägheit) seinen Bewegungszustand bei, d.h. er bleibt entweder in Ruhe oder bewegt sich mit konstanter Geschwindigkeit geradlinig weiter. Ein Buch, das auf einem Tisch liegt, bleibt deshalb in Ruhe, weil seine Gewichtskraft durch eine entgegengesetzt gleich große Kraft aufgehoben wird, mit der die Tischplatte das Buch hält - wenn wir das Buch in die Hand nehmen, müssen wir selbst diese Kraft aufbringen. Ohne Rollreibungskraft würde ein angeschobener Einkaufswagen im Geschäft geradeaus weiterrollen, bis er auf ein Hindernis stößt. Mitten im Weltraum fernab von einem Himmelskörper erfährt ein Körper keinerlei Kräfte und bewegt sich tatsächlich mit unverminderter Geschwindigkeit immer geradlinig weiter.

Damit zum zweiten Gesetz, dem zur Schwere: Newton erkannte, dass die Kraft, die einen Apfel vom Baum fallen lässt (also die gewöhnliche Gewichtskraft), von gleicher Natur ist wie die Kraft, die den Mond auf seine Kreisbahn um die Erde zwingt. Ursache dieser Kraft ist, dass sich Massen grundsätzlich anziehen - dieses Naturphänomen nennt man Gravitation. Die Gravitation ist es, die unsere Welt im Großen zusammenhält. Sie sorgt dafür, dass in unserem Sonnensystem die Planeten einschließlich unserer Erde die Sonne umkreisen und dass die Sonne zusammen mit 100 Milliarden anderen Sternen eine riesige Spiralgalaxie bildet, unsere Milchstraße.

Für diese anziehende Schwerkraft zwischen Massen konnte Newton sogar eine Formel herleiten, das sog. Gravitationsgesetz. Wenn zwei Massen M und m den Abstand r voneinander haben, wirkt zwischen ihnen eine Gravitationskraft F, die sich folgendermaßen berechnen lässt:

$$F = G \cdot (M \cdot m) \div r^2$$

Die darin auftretende Konstante G heißt Gravitationskonstante und ist eine fundamentale Naturkonstante. Sie hat den Wert:

$$G = 6{,}67 \cdot 10^{-11} \, m^3/kg \cdot s^2$$

Die völlig unanschauliche Maßeinheit Kubikmeter pro Kilogramm und Sekundenquadrat ergibt sich aus der international vereinbarten Maßeinheit für Kräfte und braucht einen nicht weiter zu stören. Wichtiger ist: Mit Hilfe des Gravitationsgesetzes ist es möglich, die Massen von Himmelskörpern zu berechnen, die sich ja nicht einfach wiegen lassen. So hat die Erde eine Masse von rund $6 \cdot 10^{24}$ kg (das ist ein 6 mit 24 Nullen) und die Sonne gar von $2 \cdot 10^{30}$ kg(eine 2 mit 30 Nullen).

Die Gewichtskraft eines Körpers auf der Erde erhält man, wenn man im Gravitationsgesetz für M und r die Masse und den Radius der Erde sowie für m die Masse des Körpers einsetzt. Da andere Himmelskörper andere Massen und Radien M und r haben, ergibt sich auf ihnen auch ein anderer Wert für die Gewichtskraft. So ist zum Beispiel die Gewichtskraft eines Menschen auf dem Mond nur etwa ein Sechstel so groß wie auf der Erde.

Außerdem sieht man am Gravitationsgesetz, dass die Gravitationskraft mit dem Quadrat des Abstandes r abnimmt. Entfernt sich ein Körper einen Erdradius (6370 km) von der Erde, ist er zwei Erdradien vom Erdmittelpunkt entfernt, so dass seine Gewichtskraft nur noch ein Viertel so groß ist wie auf der Erdoberfläche. Im Abstand drei Erdradien vom Erdmittelpunkt ist es ein Neuntel und so fort. Theoretisch verschwindet die Gravitationskraft erst, wenn der Körper unendlich weit von der Erde weg ist. Praktisch ist sie aber bereits viel eher unmessbar klein - oder der Körper gerät in den Anziehungsbereich eines anderen Himmelskörpers wie etwa des Mondes.

Damit wird auch klar, dass zwischen der Masse, die wir wegen der Maßeinheit Kilogramm gerne mit „Gewicht" assoziieren, und der Gewichtskraft streng zu unterscheiden ist. Die Gewichtskraft eines Körpers hängt ganz vom Ort ab, an dem er sich gerade befindet - ob auf der Erde, dem Mond, einem anderen Himmelskörper oder irgendwo im Weltraum. Dagegen besitzt ein Körper stets die gleiche Masse, er ist gleichsam mit ihr behaftet und nimmt sie überall mit hin. Das merkt man auch daran, dass seine Trägheit nach wie vor die gleiche ist. Um einen hängenden Stahlträger in Drehung zu versetzen, benötigt ein Astronaut im Weltraum die gleiche Kraft wie ein Arbeiter auf der Erde.

## Impuls: Schwung geht nicht so leicht verloren

Bei tiefergehender Beschäftigung mit Bewegungen und allgemein der Mechanik stößt man auf Begriffe, die noch abstrakter sind als Kräfte oder Masse, aber in der Physik eine viel fundamentalere Bedeutung haben. Ein solcher Begriff ist der Impuls eines Körpers. Um ihn zu verstehen, betrachten wir nochmals einen rollenden Einkaufswagen, den wir abrupt- zum Beispiel innerhalb einer Sekunde - zum Stehen bringen wollen. Dazu brauchen wir eine Kraft, die umso größer sein muss, je schwerer beladen (größere Masse) und je schneller (größere Geschwindigkeit) der Wagen ist. Die Masse und die Geschwindigkeit des Wagens geben gleichsam an, welchen Schwung er besitzt, und deshalb bezeichnet der Physiker das Produkt Masse mal Geschwindigkeit als Impuls.

Der Impuls eines Körpers ist sozusagen seine mit der Masse gewichtete Geschwindigkeit. Vor allem die Gesetzmäßigkeiten bei Stößen lassen sich mit dem Impuls viel leichter erklären als mit der reinen Geschwindigkeit. Ein Beispiel: Auf einem Rangierbahnhof fährt ein Waggon der Masse 10 Tonnen sprich 10.000 kg mit der Geschwindigkeit 2 m/s (Meter pro Sekunde) auf einen gleich schweren stehenden Waggon auf und koppelt dabei ein. Der ruhende Waggon hatte zuvor gar keinen Impuls, der ankommende den Impuls 20.000 kg · m/s. Nach dem Aufprall bewegen sich die beiden gekoppelten Waggons nur noch mit der halben Geschwindigkeit 1 m/s weiter und haben deshalb wiederum den Impuls 20.000 kg · m/s. Der Impuls ist also vor und nach dem Stoß gleich groß, weil sich die bewegte Masse zwar verdoppelt, die Geschwindigkeit dafür aber halbiert hat.

Das gilt ganz allgemein und ist der sog. Impulserhaltungssatz: In einem abgeschlossenen System, in dem die Körper nur untereinander Kräfte ausüben, bleibt der Gesamtimpuls immer gleich groß. Wenn man aus einem Boot, das ruhig auf einem See liegt, ans Ufer springt, treibt das Boot plötzlich aufs Wasser hinaus. Vor dem Sprung war der Gesamtimpuls null. Indem man sich mit den Füßen vom Boot abstößt, um einen Impuls in Richtung Land zu bekommen, gibt man gleichzeitig dem Boot den entgegengesetzten Impuls mit, so dass der Gesamtimpuls null bleibt.

Dieses Rückstoßprinzip beobachtet man in vielen Situationen: Ein Schütze, der ein Gewehr abschießt, sollte den Kolben dabei fest gegen die Schulter drücken. Denn die davonfliegende Kugel hat zwar nur eine winzige Masse, aber eine sehr hohe Geschwindigkeit, und den entgegengesetzten Impuls muss der Schütze als Rückstoß auffangen. Eine Rakete stößt die verbrannten Treibstoffgase mit hoher Geschwindigkeit nach hinten aus und erhält so einen Schub nach vorne.

Bei Kreis- und Drehbewegungen ist es nicht der Impuls selbst, der erhalten bleibt, sondern der Drehimpuls, der gleich dem Produkt Impuls mal Abstand von der Drehachse ist. Das kann man sich mit einem Anhänger klarmachen, der an einem Ende einer Schnur befestigt ist. Nimmt man das andere Ende der Schnur in die Hand und versetzt man den Anhänger mit einem einmaligen Schwung in Bewegung, so dass er um die Hand kreist, die Schnur sich dabei aber um einen Finger aufwickelt, dann stellt man fest: Je kürzer die Schnur wird, desto schneller bewegt sich der Anhänger. Das Produkt Geschwindigkeit bzw. Impuls des Anhängers mal seinem Abstand vom Finger (der Drehachse), also der Drehimpuls, ist während der gesamten Bewegung gleich groß.

Es gibt zwei Arten von Drehimpuls: Der Drehimpuls eines Körpers, der sich auf einer Kreisbahn bewegt (wie der kreisende Anhänger), heißt Bahndrehimpuls. Dagegen besitzt ein rotierender Körper, der sich um eine Achse dreht, die durch ihn hindurch verläuft, einen Eigendrehimpuls. Wenn eine Eiskunstläuferin in einer Pirouette ihre Arme zunächst gestreckt hält und dann an ihren Körper zieht, dreht sie sich auf einmal schneller. Beim Heranziehen bringt sie die Masse ihrer Arme näher an die Drehachse. Infolgedessen erhöht sich ihre Umdrehungsgeschwindigkeit, weil ihr Eigendrehimpuls erhalten bleibt.

Ein schönes Beispiel dafür, dass Körper sowohl einen Eigen- als auch einen Bahndrehimpuls besitzen können, ist unsere Erde, denn sie dreht sich jeden Tag einmal um ihre Achse, während sie gleichzeitig in einem Jahr um die Sonne kreist. Unser ganzes Sonnensystem entstand einst aus einer riesigen rotierenden Gas- und Staubwolke, die sich aufgrund der Gravitation zu den einzelnen Himmelskörpern zusammenzog. Der Drehimpuls dieser Wolke steckt noch heute in den Bahn- und Eigendrehimpulsen der Planeten und ihrer Monde.

Entscheidend ist nur, dass der Gesamtdrehimpuls - bestehend aus Eigen- und Bahndrehimpuls - erhalten bleibt. Das zeigt sich auch am System Erde-Mond: Der Mond ist für den Wechsel von Ebbe und Flut verantwortlich, denn seine Gravitationskraft hebt das Wasser der Meere um einige Meter an. Diese Flutberge hält der Mond fest, während sich die Erde unter ihnen hindurch dreht. Das ist jedoch mit Reibung verbunden, die die Erdrotation abbremst, so dass die Tage immer länger werden (im Ordovizium vor 450 Millionen Jahren, einem Erdzeitalter, in dem sich alles Leben noch im Wasser abspielte, dauerte ein Tag nur 21 Stunden). Mit langsamer werdender Rotation nimmt aber auch der Eigendrehimpuls der Erde ab. Um das auszugleichen, wird der Bahndrehimpuls des Mondes größer, indem sich der Mond im gleichen Maße immer weiter von der Erde entfernt.

# Energie: Das Band durch die gesamte Physik

Im Laufe des 19. Jahrhunderts entwickelten die Physiker einen weiteren abstrakten Begriff, der von zentraler Bedeutung für die gesamte Physik und darüber hinaus ist: Energie. Der Energiebegriff ist uns heute zwar auch aus dem Alltag völlig vertraut, aber was ist Energie eigentlich genau?

Die Wurzeln des Energiebegriffs liegen in der Mechanik. Bereits beim Einsatz einfacher Werkzeuge entdeckten die Techniker und Gelehrten früherer Jahrhunderte eine Gesetzmäßigkeit, die als Goldene Regel der Mechanik bekannt wurde. Benutzt man einen Kraftwandler (z.B. Hebel, Rampe oder Flaschenzug), um eine schwere Last leichter heben zu können, stellt man fest: Mit einem Kraftwandler kann man zwar einen bestimmten Faktor an Kraft sparen, dafür muss man aber mit der kleineren Kraft einen um den gleichen Faktor längeren Weg zurücklegen als ohne Kraftwandler - den längeren Hebelarm ein größeres Stück bewegen, über die Rampe einen längeren Weg gehen oder aus dem Flaschenzug mehr Seil herausziehen. Mit anderen Worten: Um eine bestimmte Arbeit zu verrichten (die Last eine gewisse Strecke hochzuheben), muss man immer das gleiche Produkt Kraft mal Weg aufbringen.

Deshalb bezeichnet der Physiker das Produkt Kraft mal Weg als Arbeit. Die Maßeinheit für die Arbeit ist Joule (J). 1 Joule ist die Arbeit, die wir verrichten, wenn wir einen Körper der Masse 100 g (etwa eine Tafel Schokolade) um 1 Meter hochheben oder ein ruhendes Wägelchen der Masse 2 kg anschieben, bis es die Geschwindigkeit 1 m/s erreicht. Ein Bergwanderer, der samt Rucksack 80 kg auf die Waage bringt und einen Höhenunterschied von 500 m überwindet, leistet dabei die Hubarbeit 400.000 J oder 400 kJ (Kilojoule). Das entspricht der Beschleunigungsarbeit eines 2 Tonnen sprich 2000 kg schweren Autos, das aus dem Stand auf 72 km/h beschleunigt.

Die besondere Bedeutung des physikalischen Arbeitsbegriffs liegt darin, dass die an einem Körper verrichtete Arbeit in ihm gespeichert wird. Gespeicherte Arbeit heißt Energie. Wenn man einen Ball hochhebt, speichert der Ball diese Hubarbeit als Lageenergie, die er nur aufgrund seiner erhöhten Lage besitzt. Eine solche Energie, die allein vom Ort des Körpers abhängt, bezeichnet der Physiker als potentielle Energie. Wenn man dagegen einen Wagen anschiebt, speichert der Wagen die Beschleunigungsarbeit als Bewegungsenergie. Eine Energie, die nur von der Geschwindigkeit des Körpers abhängt, nennt der Physiker kinetische Energie.

Die gespeicherte Energie kann der Körper dazu nutzen, um selbst wieder Arbeit zu verrichten, wobei das eine ganz andere Art von Arbeit sein kann als die, die ursprünglich an ihm geleistet wurde. Energie ist demnach auch Arbeitsvermögen - die Fähigkeit, Arbeit zu verrichten. Sobald man den hochgehobenen Ball loslässt, fällt er nach unten, d.h. er kann aufgrund seiner potentiellen Energie Beschleunigungsarbeit verrichten, die er dann als kinetische Energie speichert. Der angeschobene Wagen kann aufgrund seiner kinetischen Energie eine Steigung hinaufrollen sprich Hubarbeit leisten und gewinnt dabei potentielle Energie, während seine Bewegungsenergie abnimmt. Energie und Arbeit sind also nur zwei Seiten derselben Medaille. Während

Energie die Speicherform von Arbeit ist, führt Arbeit zwei verschiedene Energieformen ineinander über.

Bei solchen Energieumwandlungen geht niemals Energie verloren. Wenn man einen Tischtennisball über einem Tisch hochhebt und loslässt, fällt er nach unten, springt am Tisch auf und steigt wieder hoch. Seine potentielle Energie beim Loslassen verwandelt sich dabei in kinetische Energie und zurück in potentielle Energie. Entscheidend ist, dass der Ball nach dem Aufspringen wieder die gleiche Höhe erreicht - wenn man die Hand dort behält, kann man ihn einfach aufnehmen. Gleiche Höhe bedeutet aber auch gleiche potentielle Energie.

Wenn man den Ball jedoch immer weiter auf der Tischplatte aufspringen lässt, nimmt seine Sprunghöhe mit der Zeit sehr wohl ab, bis er ruhig auf dem Tisch liegenbleibt. Der Grund ist die Luftreibung, die der Ball beim Fallen und Hochsteigen erfährt. Reibung erzeugt aber Wärme, wie man aus vielen Alltagssituationen weiß. Offenbar ist auch Wärme eine Energieform, und die Energie des Tischtennisballs geht durch die Luftreibung allmählich in Wärmeenergie über, die sich in der Umgebungsluft verteilt. Deshalb bleibt die anfängliche Energie, über die der Ball beim Loslassen verfügte, tatsächlich auf Dauer erhalten.

Dieser Energieerhaltungssatz gilt in der gesamten Natur: Energie kann weder erzeugt noch vernichtet, sondern nur in andere Energieformen umgewandelt werden. Die Energieerhaltung ist ein mächtiges Prinzip, da sie nicht nur verschiedene physikalische Vorgänge und Teilgebiete miteinander verknüpft, sondern auch die Brücke zur Chemie und Biologie schlägt. So erhält der Tischtennisball seine ursprüngliche Energie ja durch unsere Hubarbeit, und die dafür nötige Energie ziehen wir letztendlich aus der chemischen Energie unserer Nahrung.

Die Erkenntnis, dass auch Wärme eine Energieform ist, half den Physikern, das an sich schwer greifbare Phänomen Wärme richtig zu erfassen. Physikalisch gesehen gibt es keine Kälte, sondern nur Wärme - Kälte ist nichts anderes als fehlende Wärmeenergie. Die Reibungsarbeit verbindet die Gebiete der Mechanik und der Wärme und ermöglicht es, Wärmeenergien zu berechnen.

Unter der Wärmekapazität eines Körpers oder Stoffes versteht man die Wärmeenergie, die man ihm zuführen oder entziehen muss, damit seine Temperatur um 1 °C zu- bzw. abnimmt. Die weitaus höchste Wärmekapazität aller gängigen Stoffe unserer Umgebung hat Wasser. Um einen Milliliter Wasser um 1 °C zu erwärmen, benötigt man die Energie 4,2 J. Für einen Liter sind es dann 4,2 kJ. Diese Energiewerte definierte man sogar als eigene Energieeinheiten: 1 cal (Kalorie) sind 4,2 J und 1 kcal (Kilokalorie) entsprechend 4,2 kJ. Aufgrund seiner hohen Wärmekapazität eignet sich Wasser hervorragend als Wärmespeicher und Kühlmittel. Denn Wasser gibt viel Wärmeenergie ab, bis es sich um einige Grad Celsius abgekühlt hat, und nimmt ebenso viel Wärmeenergie auf, bis es sich um diese paar Grad Celsius erwärmt. Deshalb ist das feuchte Seeklima (kühle Sommer, milde Winter) auch gemäßigter als das trockene Landklima (heiße Sommer, kalte Winter).

Wollte man einem Liter Wasser die 4,2 kJ, die ihn gerade mal um 1 °C erwärmen, in Form von potentieller Energie zuführen, müsste man ihn ganze 420 Meter hochheben. Wärmeenergien sind allgemein größer als mechanische Energien. Das ist auch gut so, denn sonst würden wir es vor Hitze nicht aushalten, weil fast alle mechanischen Vorgänge mit Reibung und damit Wärmeentwicklung verbunden sind.

Bei der Energie stößt man noch auf ein weiteres wichtiges Naturgesetz, nämlich das Prinzip der minimalen Energie. An einem Hang rollt eine Kugel von allein stets hinab in eine Mulde und nicht hinauf auf eine Kuppe. Die stabile Muldenlage hat nun aber auch eine geringere potentielle Energie. Offenbar strebt die Kugel danach, ihre Energie zu verkleinern. Das gilt ganz allgemein: Ein Körper oder System geht von allein immer in den energieärmsten Zustand über, der damit den stabilsten Zustand darstellt. Dieses Prinzip der minimalen Energie steht keineswegs im Widerspruch zum Energieerhaltungssatz: Die Kugel rollt zunächst in der Mulde hin und her, bis ihre kinetische Energie durch Reibung aufgezehrt ist. Da sich die dabei entstehende Wärmeenergie auf die Umgebung überträgt, besitzt die Kugel selbst dann tatsächlich weniger Energie.

Die Erhaltungssätze für Energie, Impuls und Drehimpuls haben tieferliegende physikalische Gründe. Es lässt sich zeigen, dass sie mit grundlegenden Symmetrien von Raum und Zeit zusammenhängen. So folgt der Energieerhaltungssatz aus der Homogenität der Zeit: Die physikalischen Gesetze gelten immer gleichermaßen. Wiederholt man ein Experiment zu einem späteren Zeitpunkt, läuft es genauso ab wie zuvor. Der Impulserhaltungssatz hingegen folgt aus der Homogenität des Raumes: Die physikalischen

Gesetze gelten auch überall gleichermaßen. Führt man ein Experiment an einem anderen Ort aus, erhält man die gleichen Ergebnisse. Schließlich folgt der Drehimpulserhaltungssatz aus der Isotropie des Raumes: In unserer Welt gibt es keine bevorzugte Richtung. Dreht man ein Experiment um einen Winkel, ändert das nichts an den Ergebnissen.

Es gibt also Paare von physikalischen Begriffen, die auf geheimnisvolle Weise miteinander verknüpft sind und jeweils aus einer Erhaltungsgröße und einer Orts- oder Zeitangabe bestehen. Solche Paare sind Energie und Zeit, Impuls und Ort sowie Drehimpuls und Winkel. Auf diese Paarungen werden wir später in der Atomphysik wieder treffen.

## Atome: Die Bausteine der Materie

Die Energie, die wir technisch nutzen und die wir aus unserem Körper ziehen, ist größtenteils chemische Energie. Die Chemie ist die Lehre von den Stoffen und deren Umwandlungen. Dass sich Stoffe in andere umwandeln können, beobachten wir vielerorts im Alltag, etwa beim Rosten von Eisen oder beim Gären von Trauben zu Wein. Auch in unserem eigenen Körper finden fortwährend Stoffumwandlungen statt: Unsere Ausscheidungen haben wenig mit der aufgenommenen Nahrung gemein, und beim Atmen nehmen unsere Lungen Sauerstoff auf und stoßen dafür Kohlendioxid aus.

Stoffumwandlungen nennt der Chemiker Reaktionen. Die gängigsten chemischen Reaktionen sind Verbrennungs- vorgänge, bei denen Energie in Form von Wärme und Licht frei wird - Feuer ist nichts anderes als leuchtendes Gas oder glühender Ruß. Offenbar haben die Endprodukte einer Ver- brennung einen geringeren chemischen Energieinhalt und sind somit stabiler als die Ausgangsstoffe. Gemäß dem Prinzip der minimalen Energie läuft daher die Reaktion nach dem Anzünden völlig selbständig ab. Die geringe an- fängliche Energiezufuhr beim Anzünden entspricht dem Anschubs einer Kugel, damit sie über eine Kante in ein Loch rollt. Die danach beim Verbrennen freigesetzten chemi- schen Energien sind jedoch nochmals viel größer als Wär- meenergien. So wird bei der vollständigen Verbrennung von 1 Liter Heizöl die Energie 42 Millionen Joule oder 42 MJ (Megajoule) an die Umgebung abgegeben. Umgekehrt gibt es aber auch chemische Reaktionen, die nur bei ständiger Energiezufuhr ablaufen, wie die Gewinnung von Metallen aus Erz in Schmelzöfen. Ein Metall besitzt deshalb mehr chemische Energie als das zugehörige Erz.

Bei chemischen Reaktionen können sich mehrere Stoffe zu einem vereinen oder auch ein Stoff in mehrere aufspal- ten. Nun gibt es in der Natur rund neunzig Stoffe, die sich chemisch nicht mehr in weitere Stoffe trennen lassen. Diese Grundstoffe heißen Elemente. Alle anderen Stoffe bezeich- net der Chemiker als Verbindungen, weil sie sich aus den Elementen zusammensetzen.

Die Mehrzahl der Elemente stellen die Metalle. Beispiele sind Eisen (Fe), Kupfer (Cu), Blei (Pb), Zinn (Sn), Zink (Zn), Aluminium (Al), Nickel (Ni), Chrom (Cr), Wolfram (W),

Quecksilber (Hg), Platin (Pt), Uran (U), Silber (Ag), Gold (Au) und viele mehr. In Klammern stehen jeweils die chemischen Buchstabensymbole geschrieben. Dann gibt es einige Halbmetalle wie Silizium (Si) und Germanium (Ge). Die interessantesten und vielfältigsten Elemente sind die knapp zwanzig Nichtmetalle. Dazu gehören die Gase Sauerstoff (O), Stickstoff (N), Wasserstoff (H), Helium (He), Neon (Ne) und Chlor (Cl) - die Luft unserer Atmosphäre besteht zu 78% aus Stickstoff und zu 21% aus Sauerstoff. Feste Nichtmetalle sind Kohlenstoff (C), der auf der Erde in reiner Form als Diamant und Graphit vorkommt, Schwefel (S), Phosphor (P) und Jod (I).

An der Wende vom 18. zum 19. Jahrhundert entdeckten die Chemiker eine Reihe von Grundgesetzen für chemische Reaktionen. Zunächst die Massenerhaltung: Bei einer chemischen Reaktion ist die Masse der Endprodukte immer gleich der Masse der Ausgangsstoffe. Mit Hilfe dieses Gesetzes erkannte man zum Beispiel, dass an vielen Reaktionen ein Gas der Luft beteiligt sein muss, nämlich der Sauerstoff. Ein weiteres Gesetz besagt, dass Elemente immer im gleichen Massenverhältnis in eine bestimmte Verbindung eingehen. So verbrennt ein Gemisch von Eisen und Schwefel stets im Massenverhältnis 7 : 4 zu Eisensulfid: Aus 7 g Eisen und 4 g Schwefel entstehen 11 g Eisensulfid. Enthält das Gemisch hingegen 10 g Eisen und 4 g Schwefel, bleiben am Ende 3 g Eisen übrig.

Um die chemischen Grundgesetze zu erklären, stellte der Chemiker John Dalton im Jahr 1807 die Atomhypothese auf: Die kleinsten Bausteine der Materie sind unteilbare Atome (der Name kommt vom altgriechischen Wort für unteilbar).

Ein Element besteht aus einer charakteristischen Art von untereinander völlig gleichen Atomen. Stellt man sich Atome einfach als winzige Kügelchen vor, dann unterscheiden sich die Atome verschiedener Elemente in ihrem Radius und ihrer Masse. Eine Verbindung besteht aus untereinander gleichen Molekülen, die jeweils aus einer bestimmten Anzahl von Atomen derjenigen Elemente zusammengesetzt sind, aus denen die Verbindung hervorgegangen ist. So ist Wasser chemisch gesehen $H_2O$: Jedes Wassermolekül besteht aus zwei Wasserstoffatomen (H) und einem Sauerstoffatom (O). Und Kohlendioxid ist $CO_2$, d.h. die Moleküle enthalten je ein Kohlenstoffatom (C) und zwei Sauerstoffatome (O). Bei allen chemischen Reaktionen werden Atome weder erzeugt noch vernichtet, sondern lediglich umgelagert.

Heute wissen wir längst, dass dies alles nicht nur eine Hypothese ist, sondern dass unsere Welt (einschließlich uns) tatsächlich aus Atomen und Molekülen aufgebaut ist. Allerdings sind Atome so klein, dass man sie selbst mit dem stärksten Mikroskop nicht direkt sehen kann. Die Durchmesser von Atomen liegen in der Größenordnung von $10^{-10}$ m - das entspricht einem Zehnmillionstel Millimeter. Das leichteste Atom ist das des Wasserstoffs: Seine Masse beträgt $1{,}67 \cdot 10^{-27}$ kg (die 1 ist die 27. Stelle hinter dem Komma, davor stehen lauter Nullen). Das heißt umgekehrt: 1 Gramm Wasserstoff enthält $6 \cdot 10^{23}$ Atome. Damit man sich eine Vorstellung von dieser Zahl machen kann, betrachten wir Sandkörner von 1 Millimeter Größe. In einer würfelförmigen Kiste mit der Kantenlänge 1 Meter haben dann eine Milliarde ($10^9$) Sandkörner Platz. Um die derzeitige Erdbevölkerung von rund 6,5 Milliarden Menschen abzubilden, bräuchte man also bereits sechseinhalb solcher Kisten. Um aber $6 \cdot 10^{23}$ Sandkörner - so viele wie Atome in 1 g Wasserstoff - unterzubringen, müsste die Kiste 100 km lang, 100 km breit und 60 km hoch sein.

Da sich aus den chemischen Grundgesetzen auch die Massenverhältnisse der verschiedenen Atomarten ableiten lassen, kann man die Elemente nach der Masse ihrer Atome sortieren und sie dann mit einer Ordnungszahl durchnummerieren. Der Wasserstoff mit dem leichtesten Atom erhält die Ordnungszahl 1. Dabei stellt man fest: Mit zunehmender Ordnungszahl sprich Atommasse wiederholen sich periodisch Elemente mit ähnlichen chemischen und physikalischen Eigenschaften.

Beispiele (in Klammern steht jetzt die Ordnungszahl, damit an die Periodizität erkennt): Die Alkalimetalle Lithium (3), Natrium (11), Kalium (19), Rubidium (37) und Cäsium (55) sind für Metalle recht weich und reagieren in Wasser zu starken Laugen. Die Erdalkalimetalle Beryllium (4), Magnesium (12), Calcium (20), Strontium (38) und Barium (56) kommen sehr häufig in der Erdkruste vor. Die Halogene Fluor (9), Chlor (17), Brom (35) und Jod (53) sind farbige Nichtmetalle: Fluor ist ein blassgelbes Gas, Chlor ein hellgrünes Gas, Brom eine braune Flüssigkeit und Jod ein violetter Feststoff. Die Edelgase Helium (2), Neon (10), Argon (18), Krypton (36), Xenon (54) und Radon (86) sind sehr reaktionsträge und gehen nur selten Verbindungen mit anderen Elementen ein. Und die Edelmetalle Kupfer (29), Silber (47) und Gold (79) kommen in der Natur auch gediegen vor, d.h. nicht in Erzen gebunden, sondern als reine Metalle sprich Elemente. Wie leicht nachrechenbar, treten als Periodenlängen 8, 18 und 32 auf: Nach 8, 18 oder 32 Ordnungszahlen kommt wieder ein Element mit ähnlichen Eigenschaften.

Auf der Grundlage dieser Erkenntnisse entwickelten unabhängig voneinander der Russe Dimitrij Iwanowitsch Mendelejew und der Deutsche Julius Lothar Meyer im Jahr 1869 das Periodensystem der Elemente, das sich am Ende des Buches befindet. In jedem Feld stehen über dem Buchstabensymbol des Elements die Atommasse, die als Vielfaches der Masse des Wasserstoffatoms angegeben ist, und links unter dem Symbol die Ordnungszahl. Das Periodensystem liest sich zeilenweise: Die Ordnungszahlen nehmen von links oben nach rechts unten zu. Hinter den mit Sternchen markierten Elementen Lanthan (57) und Actinium (89) sind die zwei alleinstehenden Zeilen unterhalb der Tabelle eingefügt zu denken. Die Zeilen des Periodensystems heißen Perioden. In den Spalten stehen übereinander stets Gruppen von Elementen mit ähnlichen Eigenschaften. Die Bedeutung und Aussagekraft des Periodensystems sind enorm. So nimmt der metallische Charakter der Elemente von links unten nach rechts oben kontinuierlich ab. Auf das Periodensystem werden wir noch mehrfach zurückkommen, um es physikalisch zu ergründen.

# Wärme: Alles ist ständig in Bewegung

Das Wissen um den atomaren Aufbau der Materie lieferte den Physikern auch ein genaues Verständnis der Wärmeenergie. Wärme ist nichts anderes als regellose Bewegung der Atome und Moleküle. Damit stellt die Wärmelehre oder Thermodynamik (so der Fachbegriff) im Prinzip ein Teilgebiet der Mechanik dar, genauer gesagt der statistischen Mechanik.

Wie sieht aber diese Wärmebewegung in den drei Zustandsformen der Materie aus? So etwa bei den Atomen eines Festkörpers, die alle an festen Plätzen sitzen? Hier kann man sich in einem einfachen Modell vorstellen, dass die Atome wie durch elastische Spiralfedern miteinander verbunden sind. Dann können sie an ihren Plätzen hin- und herschwingen. Bei einer Flüssigkeit haften die Moleküle zwar aneinander, können sich aber ansonsten frei gegeneinander verschieben. Und bei einem Gas fliegen die Atome oder Moleküle ganz voneinander losgelöst durch den leeren Raum und stoßen nur ab und an gegeneinander.

Da sich die Teilchen - damit meine ich im Folgenden Atome oder Moleküle - völlig regellos bewegen, haben sie ganz unterschiedliche Geschwindigkeiten und somit auch kinetische Energien. Je höher die Temperatur ist, desto schneller bewegen sie sich aber im Durchschnitt, d.h. desto größer ist ihre mittlere Energie. Oder anders ausgedrückt: Die Temperatur eines Körpers ist durch die mittlere Energie seiner Teilchen festgelegt. Das bedeutet auch, dass Temperatur stets an Materie gebunden ist - im absoluten Vakuum macht der Temperaturbegriff keinen Sinn.

Die Deutung von Wärme als Teilchenbewegung erklärt zwanglos alle denkbaren Wärmephänomene. Nur zwei Beispiele: Wenn man eine Tasse mit heißem Tee stehenlässt, kühlt er mit der Zeit allmählich ab. Der Grund: Die schnellsten Flüssigkeitsteilchen besitzen so viel kinetische Energie, dass sie sich aus dem Flüssigkeitsverband lösen können sprich Verdampfen. Dann haben die zurückgebliebenen Teilchen jedoch im Schnitt weniger Energie, was einer niedrigeren Temperatur gleichkommt. Das zweite Beispiel: Wenn man mit einer Luftpumpe einen Fahrradreifen aufpumpt, erwärmt sich das Ventil. Der Grund: Während die Luftteilchen durch das Ventil strömen, stoßen viele von ihnen an dessen Innenseite und versetzen dabei die Metallatome in stärkere Schwingungen - heftigere Teilchenbewegung heißt aber höhere Temperatur.

Die Teilchen aller Körper und Stoffe unserer Umgebung sind also in fortwährender Bewegung, und zwar bei jeder Temperatur, selbst bei strengem Frost - sie bewegen sich dann nur langsamer. Wenn man einen Körper immer weiter abkühlt, müssen die Teilchen aber irgendwann einmal alle stillstehen, und die Temperatur kann dann nicht weiter sinken. Das ist auch tatsächlich der Fall: Der absolute Nullpunkt der Temperatur liegt bei -273 °C. Bei dieser Temperatur ist gleichsam jegliche Teilchenbewegung eingefroren, und daher gibt es keine tieferen Temperaturen als -273 °C. Es lässt sich theoretisch sogar zeigen, dass man dem absoluten Nullpunkt zwar beliebig nahe kommen, ihn aber niemals erreichen kann. Und in der Tat gelang es Physikern in Laborexperimenten bisher nur, sich den -273 °C bis auf einige Milliardstel Grad anzunähern.

Während der Nullpunkt der Celsius-Skala willkürlich auf den Schmelzpunkt von Wasser festgelegt wurde, ist der absolute Nullpunkt der Temperatur naturgegeben. Deshalb verwenden Physiker in der Regel auch nicht die Celsius-Temperatur, sondern die absolute Temperatur, die sie in Kelvin (K) angeben: 0 K sind -273 °C, und 273 K entsprechen 0 °C. Die Temperaturangabe 300 K bedeutet daher zum Beispiel 27 °C.

Es ist schon erstaunlich, dass der absolute Nullpunkt für alle Stoffe der gleiche ist. Überhaupt ist für die Natur thermodynamisch gesehen Teilchen gleich Teilchen - egal um welche Art von Atomen oder Molekülen es sich handelt. Das macht sich vor allem bei Gasen bemerkbar: Welches Volumen eine Gasmenge im Raum einnimmt, hängt bei gleichem Druck und gleicher Temperatur nur von der Anzahl der Teilchen ab. So beanspruchen $10^{23}$ Gasteilchen bei Zimmertemperatur und normalem Luftdruck stets ein Volumen von 4 Litern - Heliumatome ebenso wie Erdgasmoleküle. Auf diese Weise erkannte man auch, dass einige gasförmige Elemente wie Sauerstoff, Stickstoff, Wasserstoff und Chlor nicht aus einzelnen Atomen, sondern aus zweiatomigen Molekülen bestehen.

Am deutlichsten wird die thermodynamische Gleichheit aller Teilchen jedoch durch den sog. Gleichverteilungssatz: Die mittlere Energie E der Teilchen hängt nicht vom Stoff, sondern nur von der absoluten Temperatur T in Kelvin ab. Pro Freiheitsgrad besitzen Teilchen die mittlere Energie

$$E = \tfrac{1}{2} \cdot k \cdot T$$

Die in der Formel auftretende Konstante k heißt Boltzmann-Konstante. Sie ist die fundamentale Naturkonstante der Thermodynamik, da sie die Messgröße Temperatur mit der Energie der einzelnen Teilchen verknüpft. Die Boltzmann-Konstante hat den Wert (J/K sind Joule pro Kelvin):

$$k = 1{,}38 \cdot 10^{-23} \, K/J$$

Was ist aber mit Freiheitsgraden gemeint? Ein Gasatom wie z.B. ein Heliumatom kann sich in allen drei Raumdimensionen frei bewegen und besitzt daher 3 Freiheitsgrade. Ein zweiatomiges Gasmolekül wie z.B. ein Sauerstoffmolekül kann außerdem um zwei aufeinander senkrecht stehende Achsen rotieren und besitzt deshalb insgesamt 5 Freiheitsgrade. Ein Metallatom kann zunächst in alle drei Raumrichtungen schwingen und hat demnach ebenfalls 3 Freiheitsgrade der kinetischen Energie. Da es aber in unserem Modell über Spiralfedern mit den umgebenden Atomen zusammenhängt, kann es zusätzlich in alle drei Raumrichtungen potentielle Energie aufnehmen - eine gespannte Spiralfeder besitzt potentielle Energie, denn sie kann Beschleunigungsarbeit leisten. Insgesamt hat ein Metallatom also 6 Freiheitsgrade. Die Freiheitsgrade eines Wassermoleküls ($H_2O$) zu bestimmen, ist recht kompliziert, zumal es winkelig gebaut ist. Eine genaue Analyse ergibt, dass gleichsam jedes der drei Atome 6 Freiheitsgrade besitzt, das Wassermolekül insgesamt also 18 Freiheitsgrade.

Je mehr Freiheitsgrade die Teilchen haben, desto größer ist ihre mittlere Energie bei einer bestimmten Temperatur. Dann muss man dem Stoff aber auch mehr Wärmeenergie zuführen, um seine Temperatur zu erhöhen, d.h. er hat eine höhere Wärmekapazität. Es ist ein großer Erfolg der Thermodynamik, dass sich so die gemessenen Wärmekapazitäten der meisten Stoffe mit erstaunlicher Genauigkeit berechnen lassen - von ein- und zweiatomigen Gasen über Metalle bis hin zur hohen Wärmekapazität von Wasser mit seinen 18 Freiheitsgraden.

## Entropie und Information: Unordnung versus Ordnung

Die Thermodynamik brachte in der zweiten Hälfte des 19. Jahrhunderts einen abstrakten Begriff hervor, der in seiner Bedeutung der Energie in nichts nachsteht: Entropie. Der Weg zum Verständnis der Entropie führt über reversible (umkehrbare) und irreversible (unumkehrbare) Vorgänge.

Wenn man das einmalige Aufspringen eines Tischtennisballs auf einer Tischplatte filmt und die Szene dann rückwärts abspielt, kann man das nicht erkennen. Das liegt daran, dass die Gesetze der Mechanik nicht von der Zeitrichtung abhängen. Solange bei einem Vorgang nur rein mechanische Energieformen beteiligt sind, ist stets auch der zeitlich umgekehrte Vorgang physikalisch möglich.

Wenn man jedoch den springenden Tischtennisball immer weiter filmt, bis er auf dem Tisch liegenbleibt, und dann den Film rückwärts anschaut, merkt man das sofort. Denn noch niemand hat je gesehen, dass ein ruhender Ball plötzlich von allein zu hüpfen anfängt und mit der Zeit auch noch immer höher springt. Sobald Wärmeenergie mitspielt, wie sie beim Abbremsen des Tischtennisballs durch die Luftreibung entsteht, gibt es den zeitlich umgekehrten Vorgang nicht mehr. Mit anderen Worten: Die Thermodynamik legt die Zeitrichtung fest.

Aber woran liegt das? Besonders schön verstehen lässt sich die Unumkehrbarkeit am Beispiel der Diffusion. Wenn man in einem Zimmer eine Gasflasche öffnet, strömt das Gas heraus und verteilt sich im ganzen Raum. Die für diese Diffusion nötige Geschwindigkeit besitzen die Gasteilchen aufgrund ihrer Wärmebewegung. Der Vorgang ist irreversibel, denn man wird niemals beobachten, dass sich das im Zimmer verteilte Gas von allein wieder sammelt und in die Flasche schlüpft. Nun stellt die gleichmäßige Verteilung des Gases im ganzen Zimmer aber auch einen weit ungeordneteren Zustand dar, als wenn alle Gasteilchen in der Flasche auf engstem Raum brav beieinander ausharren. Hinter irreversiblen Vorgängen steckt offenbar das Prinzip, dass die Natur von allein immer in den Zustand der größten Unordnung übergeht - ein Prinzip, dass wir mitunter beim Anblick unserer Wohnung oder unseres Büros durchaus bestätigen werden.

Lässt sich Unordnung auch physikalisch erfassen sprich berechnen? Dazu betrachten wir ein Gefäß, in dem sich nur vier Gasteilchen befinden. Wir denken uns die Teilchen von 1 bis 4 durch- nummeriert und den Innenraum des Gefäßes gedanklich in zwei Hälften unterteilt. Dann gibt es zunächst die Möglichkeit, dass links gar kein Teilchen ist und sich alle vier auf der rechten Seite tummeln. Wenn wir links ein Teilchen antreffen, sind dafür schon vier Möglichkeiten denkbar, denn das einsame Teilchen kann die Nummer 1, 2, 3 oder 4 tragen. Für die Gleichverteilung der Teilchen (je zwei in jeder Hälfte) zählen wir sogar sechs Möglichkeiten, weil es sich bei den beiden Teilchen auf jeder Seite um die Paarungen 12, 13, 14, 23, 24 und 34 handeln kann. Die Gleichverteilung ist daher sechsmal wahrscheinlicher, als wenn sich die vier Teilchen nur in einer Hälfte drängen. Bei den $10^{23}$ Teilchen eines realen Gases wird dieser Wahrscheinlichkeitsunterschied astronomisch groß. Das heißt: Der ungeordnete Zustand ist stets der mit der weit höheren Wahrscheinlichkeit. Bei einem irreversiblen Prozess ist der umgekehrte Vorgang nicht etwa physikalisch unmöglich, sondern nur so unwahrscheinlich, dass er praktisch nicht eintritt.

Auf der Grundlage dieser Erkenntnisse definierten die Physiker über die Wahrscheinlichkeit eines Zustands ein Maß für Unordnung und nannten es Entropie. Entropie ist also Unordnung, und es gilt das Prinzip der maximalen Entropie: Ein System geht von allein immer in den Zustand der größtmöglichen Entropie sprich Unordnung über. Dieses Prinzip erklärt auch ein grundlegendes Phänomen der Thermodynamik, nämlich dass Wärmeenergie stets vom heißen zum kalten Körper übergeht: Wenn man zwei Körper unterschiedlicher Temperatur in Kontakt bringt, fließt so lange Wärmeenergie vom heißen zum kalten Körper, bis beide die gleiche Temperatur haben. Dann herrscht auch maximale Unordnung, weil die Teilchen beider Körper die gleiche mittlere Energie haben, während zuvor eine gewisse Ordnung in dem Sinne zu erkennen war, dass sich die

Teilchen des heißen Körpers im Schnitt schneller bewegt haben als die des kalten Körpers.

In allen Systemen der Natur laufen Vorgänge so ab, dass die Entropie zunimmt oder bestenfalls gleicht bleibt. Eine Erhöhung der Entropie bedeutet meist eine Zunahme von Wärmeenergie, d.h. heftigere und ungeordnetere Teilchenbewegung. Fasst man das ganze Universum als System auf und denkt man das Prinzip der maximalen Entropie konsequent weiter, dann muss sich in ferner Zukunft alle Energie des Weltalls in Wärmeenergie umgewandelt haben. Dieses Endzeitszenario bezeichnen die Physiker als den „Wärmetod des Universums".

Das klingt vielleicht überraschend, bringen doch wir Menschen ständig immer mehr Ordnung in unsere Welt und häufen gerade jetzt im Computerzeitalter Unmengen strukturierter Informationen an. In der Tat ist Information gleich Ordnung. Als Claude Elwood Shannon in den vierziger Jahren des vergangenen Jahrhunderts die Informatik begründete, stellte sich heraus, dass sich Information ganz ähnlich beschreiben lässt wie Entropie. Die Informatiker messen Informationen in Bit. Ein Bit kann nur die Werte 0 oder 1 annehmen. Daher lässt sich mit der Information 1 Bit z.B. ausdrücken, ob eine Aussage richtig oder falsch oder ob ein Schalter ein oder aus ist. Bei 2 Bit gibt es die Kombinationen 00, 01, 10 und 11, und deshalb kann die Information 2 Bit bereits einen von vier möglichen Zuständen angeben. Mit jedem weiteren Bit verdoppelt sich die Anzahl der Bitkombinationen und damit der möglichen Zustände, die die Information beschreiben kann. So lassen sich mit 8 Bit, die der Informatiker auch 1 Byte nennt, schon 256 ($2^8$) verschiedene Dinge bezeichnen - etwa alle Buchstaben des Alphabets in Groß- und Kleinschreibung, die zehn Ziffern und noch zahlreiche Sonderzeichen. Der Informationsgehalt von 8 Bit ist also 128-mal höher als der von 1 Bit.

Während bei der Information mit der Anzahl der Möglichkeiten die Ordnung zunimmt, nimmt bei der Entropie mit der Anzahl der Möglichkeiten die Unordnung zu. Die Information ist in der Natur der Gegenspieler der Entropie. Wenn irgendwo eine Information erzeugt wird, muss zugleich anderswo mindestens ebenso viel Entropie entstehen, damit das Prinzip der maximalen Entropie erfüllt ist. Um Informationen zu schaffen, benötigen wir Menschen Energie, die letztendlich von der Sonne stammt. Bei der Energieumsetzung in der Sonne wird aber so viel Wärmeenergie frei, dass der damit verbundene Entropiezuwachs den Informationsgewinn auf der Erde bei weitem ausgleicht. Die Physiker sind heute davon überzeugt, dass Information ein ebenso wesentlicher Bestandteil unserer Welt ist wie Energie.

Eines aber vermögen die Prinzipien der Entropie und Energie meiner Meinung nach nicht befriedigend zu erklären: Leben. Die organischen Stoffe, aus denen Lebewesen wie auch wir Menschen bestehen, sind teilweise äußerst komplex sprich hochgradig geordnet. Ihre Moleküle enthalten mitunter Hunderte von Atomen, so die vielen Proteine, die als Enzyme den Stoffwechsel regulieren, oder gar die Desoxyribonukleinsäure (DNS), die alle Informationen unseres Erbguts chemisch speichert. Zwar gibt es auch in der unbelebten Natur sehr geordnete Strukturen wie die Kristalle, in denen die Atome auf genau definierten Plätzen sitzen. Aber die regelmäßige Kristallstruktur stellt für die Atome auch den stabilsten sprich energieärmsten Zustand dar, wohingegen die organischen Stoffe einen höheren chemischen Energieinhalt haben als die einfachen Ausgangsstoffe (etwa Kohlendioxid und Wasser), aus denen sie gebildet werden.

Da die organischen Moleküle an sich eigentlich den Prinzipien der minimalen Energie und der maximalen Entropie widersprechen, sollte man meinen, dass sie recht instabil sind. Doch das Gegenteil ist der Fall: Im Laufe der Evolution haben sich sogar viele dieser verschiedenartige Moleküle derart zusammengefunden, dass sie lebende Organismen bilden - die Wahrscheinlichkeit dafür, dass dies nur durch Zufall geschieht, ist praktisch gleich null. Und diese Organismen sind alles andere als instabil, vielmehr ist ein wesentliches Merkmal von Leben der Selbsterhaltungstrieb: Das Leben will sich erhalten, zum einen durch raffinierte Abwehrmechanismen, zum anderen durch Fortpflanzung. All das lässt sich mit dem gegenwärtigen Stand der Naturwissenschaften nicht erklären, und deshalb muss es meiner Meinung nach eine Art bisher unbekannter Lebenskraft geben, die dahinter steckt. Ob diese Lebenskraft innerhalb der Naturwissenschaften zu finden ist oder außerhalb der physikalischen Welt liegt, darüber kann man lebhaft diskutieren. Im Rahmen der Physik bietet möglicherweise die Chaostheorie einen Weg, die Existenz von Leben zu verstehen.

# Determinismus und Chaos: Wohin die Reise geht

Die klassische Physik ist streng deterministisch. Das heißt insbesondere für Bewegungen: Kennt man die auf einen Körper wirkenden Kräfte, dann lassen sich aus dem Ort und der Geschwindigkeit des Körpers zu einem bestimmten Zeitpunkt seine Orte und Geschwindigkeiten zu jedem späteren Zeitpunkt berechnen. Die Bewegung des Körpers ist also gleichsam für alle Zeiten vorherbestimmt. Deshalb können Astronomen auch die Bahnen von Raumsonden und Kometen exakt vorhersagen.

Dieser Determinismus gilt auch in der Thermodynamik: Zwar erscheint die Bewegung etwa der Teilchen eines Gases insgesamt derart regellos, dass die Physiker mit statistischen Mittelwerten rechnen. Aber das liegt nur an der Vielzahl der Teilchen. Könnte man Orte und Geschwindigkeiten aller Teilchen bestimmen, so ließe sich daraus die künftige Bewegung jedes einzelnen Teilchens ableiten. Das ist aber ebenso wenig möglich, wie Meteorologen nicht die Orte und Geschwindigkeiten aller Moleküle der Erdatmosphäre messen können.

Doch kommt gerade diesen Anfangsbedingungen eine Schlüsselrolle zu. Wenn man einen Stein schräg nach oben wirft, fliegt er einen Bogen - der wegen seiner mathematischen Kurvenform Wurfparabel heißt -, bis er auf dem Erdboden aufschlägt. Bei einer geringfügigen Änderung der Anfangsbedingungen (Abwurfgeschwindigkeit oder Abwurfwinkel) ändern sich auch Flugbahn und Auftreffstelle nur unwesentlich. Sobald man jedoch die freie Bewegung von drei oder mehr Körpern untersucht, die miteinander in Wechselwirkung stehen, kann es passieren, dass die Körper bereits bei einer kleinen Änderung der Anfangsbedingungen in ganz andere Bahnen laufen. Ein System, das sich so verhält, nennt man chaotisch. Eine chaotische Bewegung ist nach wie vor deterministisch, sie folgt eindeutig aus den Anfangsbedingungen, hängt allerdings sehr empfindlich von deren Weiten ab. Da man die Anfangsbedingungen in den meisten Fällen nicht genau genug messen oder einstellen kann, lässt sich das Verhalten eines chaotischen Systems praktisch nicht vorhersagen.

Bahnbrechend waren hier die Computersimulationen, mit denen der Meteorologe Edward Lorenz im Jahr 1960 ein einfaches Wettermodell durchrechnete. Als er die gleichen Anfangswerte einmal auf sechs und dann auf drei Stellen genau eingab, erhielt er völlig verschiedene Ergebnisse. Allein die Rundung der Anfangsbedingungen führte zu einer ganz anderen Wetterlage. Mit diesen Berechnungen begründete Lorenz die Chaostheorie und prägte den Begriff Schmetterlingseffekt: Der Flügelschlag eines Schmetterlings im Urwald des Amazonas kann in Europa einen Orkan auslösen. Demnach scheinen Wetterprognosen von vornherein aussichtslos zu sein.

Aber ganz so schlimm ist es nicht. Im chaotischen System unserer Erdatmosphäre bilden sich auch einigermaßen stabile Strukturen aus, nämlich die Hoch- und Tiefdruckgebiete, die von großräumigen Luftwirbeln umgeben sind. Die einzelnen Luftmoleküle bewegen sich so, dass sie insgesamt zirkulierende Luftströmungen ergeben. Eine solche

Wetterlage stellt in der Sprache der Chaostheorie einen Attraktor dar, auf den sich die Atmosphäre mit all ihren Teilchen hin entwickelt. Dass chaotische Systeme mitunter stabile und geordnete Strukturen hervorbringen, könnte vielleicht sogar die Entstehung von Leben erklären.

Auch im Wettermodell von Lorenz gab es einen Attraktor, auf den sich das System zu bewegte. Nach der minimalen Änderung der Anfangsbedingungen lief das System jedoch plötzlich in einen anderen Attraktor, d.h. in eine andere Verteilung von Hoch- und Tiefdruckgebieten. Wie jüngste Computersimulationen zeigten, ist ein derart abruptes Umschlagen der Wetterlage aber eher die Ausnahme. Meist ergibt ein ganzer Bereich von Anfangswerten dasselbe Luftströmungsbild, und nur bei einigen kritischen Weiten droht bereits eine kleine Störung das Wetter zu kippen. Insofern wurde die Bedeutung der Chaostheorie im letzten Drittel des vergangenen Jahrhunderts überschätzt. Sonst hätte z.B. auch unser Sonnensystem nicht eine so bestechende Stabilität und wäre längst kollabiert oder auseinandergeflogen.

Außerdem erfüllt nicht jedes System, das aus mindestens drei Teilchen oder Körpern besteht, die Voraussetzung für chaotisches Verhalten. Wenn ein Körper langsam durchs Wasser gleitet, wird er laminar, d.h. stromlinienförmig umströmt. Die vielen Flüssigkeitsteilchen bewegen sich einheitlich, so dass man an jeder Stelle eine eindeutige Strömungsgeschwindigkeit messen kann. Bewegt sich der Körper hingegen schnell, bilden sich um ihn herum Turbulenzen in Form von Gischt und Wirbeln. Die einzelnen Wassermoleküle bewegen sich jetzt chaotisch. Der Grund für den Unterschied: Bei einer laminaren Strömung wächst der Strömungswiderstand sprich die Reibungskraft, die der Körper erfährt, linear mit seiner Geschwindigkeit an: Doppelte Geschwindigkeit bedeutet auch doppelte Reibungskraft. Bei einer turbulenten Strömung jedoch nimmt der Widerstand mit dem Quadrat der Geschwindigkeit zu: Bei der doppelten Geschwindigkeit ist die Reibungskraft bereits viermal so groß. Damit Chaos überhaupt auftreten kann, muss eine solche nichtlineare Abhängigkeit vorliegen. Da die Gravitationskraft mit dem Quadrat der Entfernung abnimmt, ist auch in einem System von Himmelskörpern chaotisches Verhalten prinzipiell möglich.

Wenn es hingegen wie in einer laminaren Strömung nur lineare Abhängigkeiten gibt, verläuft die Bewegung der Teilchen stets in geordneten Bahnen. Ein weiteres wichtiges Beispiel hierfür sind Wellen. Denn bei vielen Wellen nimmt die Kraft, die die Teilchen immer wieder zurücktreibt und so die Schwingung aufrechterhält, linear mit der Auslenkung der Teilchen zu. Das schauen wir uns im folgenden Kapitel genauer an.

## Schwingungen und Wellen: Harmonische Bewegungen

Schwingungen und Wellen sind zwei elementare Bewegungsformen, die quer durch die ganze Physik auftreten. Ihre Eigenschaften lassen sich jedoch am besten anhand vertrauter mechanischer Beispiele verstehen.

Bei einer Schwingung bewegt sich ein Körper oder System periodisch um eine Ruhelage hin und her. Ein anschauliches Schwingungsmodell ist das Fadenpendel, bei dem ein Körper wie z.B. eine Kugel an einem Faden befestigt ist. Wenn die Kugel bewegungslos gerade nach unten hängt, befindet sich das Pendel in der Ruhelage. Sobald wir die Kugel seitlich auslenken und loslassen, schwingt sie hin und her und ist dabei nach gleichen Zeitintervallen immer wieder am gleichen Ort.

Voraussetzung für das Zustandekommen einer Schwingung ist eine Kraft, die den Körper in die Ruhelage zurücktreibt. Beim Fadenpendel wird die Kugel durch ihre eigene Gewichtskraft zurück in die Ruhelage beschleunigt. Dort angekommen, bewegt sie sich aber aufgrund ihrer Trägheit mit der erreichten Geschwindigkeit weiter auf die andere Seite, wird abgebremst, bis sie einen Augenblick still steht, dann in die umgekehrte Richtung abermals beschleunigt und so weiter. Eine Schwingung ist also eine fortwährend beschleunigte Bewegung.

Unter der Amplitude einer Schwingung versteht man die maximale Auslenkung des Körpers aus der Ruhelage - oder anders gesagt den Abstand der Umkehrpunkte von der Ruhelage. Wie schnell der Körper schwingt, drückt die Frequenz aus, die definiert ist als die Anzahl der Schwingungen (Hin- und Herbewegungen) pro Zeit. Demnach lautet die Maßeinheit der Frequenz „pro Sekunde", die man auch kurz Hertz (Hz) nennt. Braucht z.B. das Fadenpendel für eine Hin- und Herbewegung zwei Sekunden, beträgt die Frequenz 0,5 Hz (eine halbe Schwingung pro Sekunde).

Bei Schwingungen werden auch Energieformen periodisch ineinander umgewandelt. So hat beim Fadenpendel die Kugel in den Umkehrpunkten nur potentielle Energie, beim Durchgang durch die Ruhelage hingegen nur kinetische Energie. Ansonsten muss aufgrund der Energieerhaltung zu jedem Zeitpunkt der Schwingung die Summe aus potentieller und kinetischer Energie gleich groß sein. Diese Schwingungsenergie entspricht der Arbeit, die wir durch die anfängliche Auslenkung in das Fadenpendel gesteckt haben. Die Schwingungsenergie ist umso größer, je weiter die Kugel schwingt, d.h. je größer die Amplitude ist.

Während eine reine Schwingung an einem festen Ort stattfindet, breitet sich bei einer Welle die Schwingung oder allgemeiner eine Störung im umgebenden Raum aus. Wenn man ein gespanntes Seil an einer Stelle kurz auslenkt und sich diese Auslenkung längs des Seils fortpflanzt, ist das auch eine Welle. Damit sich eine Welle ausbreiten kann, muss ein Stoff vorhanden sein, um als Medium sprich Träger für die Welle zu dienen.

Eine Welle ist sozusagen eine Schwingung in Raum und Zeit. Das kann man schön am Beispiel von Meereswellen erkennen: Wenn man an einem festen Ort im Meer steht, beobachtet man an sich selbst eine herkömmliche Schwingung. Denn das Wasser steigt und fällt am Körper mit einer gewissen Frequenz. Macht man hingegen zu einem bestimmten Zeitpunkt eine Momentaufnahme der Meeresoberfläche, sieht man ein räumliches Schwingungsmuster vor sich, d.h. eine Abfolge von Wellenbergen und Wellentälern. Der Abstand zwischen zwei benachbarten Wellenbergen heißt Wellenlänge. Während die Frequenz die zeitliche Schwingung charakterisiert, beschreibt die Wellenlänge die räumliche Schwingung.

Die Meereswellen breiten sich aus, indem die Wellenberge (und -täler) über die Oberfläche laufen und so an jeder Stelle das Wasser zu einer Auf- und Abbewegung anregen. Mit welcher Geschwindigkeit sich Wellen ausbreiten, hängt von der Art und dem Zustand des Mediums ab. Über die Ausbreitungsgeschwindigkeit sind Wellenlänge und Frequenz einer Welle fest miteinander verknüpft. Denn wenn man das Medium an einer bestimmten Stelle schneller in Schwingung versetzt (höhere Frequenz), laufen die Wellenberge in kürzeren Abständen davon (kleinere Wellenlänge). Umgekehrt bedeutet eine niedrigere Frequenz eine größere Wellenlänge.

Das Medium selbst bewegt sich dabei aber nicht von der Stelle: Eine Welle transportiert keine Materie, sondern nur (Schwingungs-)Energie. So schaukelt ein Boot bei Wellengang an der Stelle auf und ab - es bewegt sich nur weg, falls es eine Strömung gibt, die tatsächlich Materie transportiert. Wie groß die in einer Welle steckende Schwingungsenergie ist, hängt wiederum von ihrer Amplitude ab, d.h. von der Höhe der Wellen.

Bei den vom Wind erzeugten Meereswellen sind einzelne Wellenzüge oft schwer auszumachen, vielmehr zeigt die Oberfläche ein wildes Muster aus Wellenbergen und Wellentälern. Ganz anders ist das etwa bei einer Pfütze, in die einzelne Regentropfen fallen. Von den Auftreffstellen gehen regelmäßige Kreiswellen aus - die Wellenberge bilden konzentrische Kreise. Sobald sich die Kreiswellen aber erreichen, beginnen sie sich zu überlagern und ergeben ebenfalls ein Muster aus Wellenbergen und -tälern. Bei dieser sog. Interferenz beeinflussen sich die einzelnen Wellen jedoch nicht: Jede Welle bewegt sich weiter so fort, als ob die anderen nicht da wären. Allerdings addieren sich an jeder Stelle des Mediums und zu jedem Zeitpunkt die von den Einzelwellen hervorgerufenen Auslenkungen. Trifft ein Wellenberg auf einen Wellenberg (oder ein Wellental auf ein Wellental), verstärken sie sich zu einer noch größeren Amplitude. Trifft dagegen ein Wellenberg auf ein Wellental, löschen sie sich gegenseitig aus - das Medium schwingt hier gar nicht mehr. So stellt auch eine Meeresoberfläche ein komplexes Interferenzmuster dar.

Weit wichtiger als Wasserwellen sind für uns Menschen Schallwellen, da wir sie hören können. Deshalb hat sich auch die Lehre vom Schall, die Akustik, zu einem eigenständigen Teilgebiet der Mechanik entwickelt. Schall sind mechanische Wellen, die sich in jeder Form von Materie ausbreiten können. Dabei schwingen die Teilchen alle im Gleichtakt, was sich in Luft durch periodische Druckänderungen äußert. Die Ausbreitungsgeschwindigkeit von Schall in Luft beträgt etwa 340 m/s - der genaue Wert hängt vom Luftdruck und der Temperatur ab. Daher rührt auch die bekannte Gewitterregel: Teilt man die Sekunden zwischen Blitz und Donner durch drei, erhält man die Entfernung des Gewitters in Kilometern.

Unser Gehör registriert von Schallwellen zweierlei: die Amplitude und die Frequenz. Eine Schallwelle mit nur einer bestimmten Frequenz nehmen wir als reinen Ton wahr - je höher die Frequenz, desto höher auch der Ton. Die

Amplitude sprich die in der Schallwelle steckende Schwingungsenergie hingegen bestimmt, wie laut wir den Ton empfinden. Junge Menschen hören Frequenzen von 16 bis 20.000 Hz, mit zunehmendem Alter geht die obere Grenze etwas zurück. So hat z.B. der Kammerton „a" die Frequenz 440 Hz. Kommen mehrere einzelne Frequenzen zusammen, ergibt das einen Klang. Geht die Schallwelle gar aus einem ganzen Frequenzbereich hervor, hören wir nur noch ein Geräusch. Bei einem Musikinstrument wie etwa einer Gitarre regt die Saite in der Umgebungsluft eine Schallwelle mit der gleichen Frequenz an, mit der sie selbst schwingt. Die Bewegung einer angeschlagenen Gitarrensaite ist gleichsam eine Zwitterform zwischen einer Schwingung und einer Welle. Physikalisch gesehen handelt es sich um eine stehende Welle: eine Welle deshalb, weil die einzelnen Abschnitte der Saite unterschiedlich weit schwingen und so ein räumliches Schwingungsmuster ergeben, und stehend, weil sich die Welle nicht längs der Saite fortbewegt. Vielmehr bildet sich auf der ganzen Saite ein ortsfester Schwingungsbauch aus, der einer halben Wellenlänge entspricht.

Neben dieser Grundschwingung werden aber auch immer Oberschwingungen angeregt. Bei der 1. Oberschwingung bilden sich längs der Saite zwei Schwingungsbäuche aus (eine ganze Wellenlänge), bei der 2. Oberschwingung sind es drei Schwingungsbäuche (anderthalbfache Wellenlänge), bei der 3. Oberschwingung vier (doppelte Wellenlänge) und so fort. Die Oberschwingungen haben die doppelte, dreifache, vierfache usw. Frequenz der Grundschwingung. Während die Grundschwingung die Höhe des Tons festlegt, sind die Oberschwingungen für dessen

Klangfarbe verantwortlich. Dass der gleiche Ton auf verschiedenen Musikinstrumenten unterschiedlich klingt, liegt nur daran, dass die Oberschwingungen unterschiedlich stark ausgeprägt sind.

Welche Frequenzen in einem Klang, einem Geräusch oder auch in einer menschlichen Stimme enthalten sind, lässt sich aus der Schallwelle mit einem mathematischen Verfahren namens Fourier-Analyse ermitteln. Dabei stößt man auf ein wichtiges Phänomen: Um einen lang anhaltenden Ton zu erzeugen, sind nur eine oder wenige Frequenzen notwendig. Bei der Entstehung eines kurzen Lauts ist hingegen ein breiter Frequenzbereich beteiligt. Das heißt: Je zeitlich begrenzter eine Welle ist, desto mehr Frequenzen sind in ihr enthalten.

Diese Aussage gilt nicht nur für den zeitlichen, sondern auch den räumlichen Schwingungsanteil einer Welle. So lässt sich etwa eine weit ausgedehnte Wasserwelle im Idealfall mit einer einzigen Wellenlänge beschreiben. Bewegt sich jedoch nur ein kurzes Wellenpaket aus einigen wenigen Wellenbergen über die Wasseroberfläche, benötigt man eine Vielzahl verschiedener Wellenlängen, um diese Wellenform mathematisch darzustellen. Mit anderen Worten: Je räumlich begrenzter eine Welle ist, desto mehr Wellenlängen sind in ihr enthalten.

Wellen spielen für die menschliche Wahrnehmung eine zentrale Rolle: Unsere wichtigsten Sinne Hören und Sehen verarbeiten Wellen aus unserer Umgebung. Denn neben dem Schall lässt sich auch die Natur des Lichts letztendlich nur mit Hilfe von Wellen erklären.

# Licht: Die bunte Welt der sichtbaren Strahlung

Unsere Welt besteht nicht nur aus Materie, sondern ist auch von Strahlung erfüllt. Licht ist Strahlung, die wir mit unseren Augen sehen können. Daher war auch die Optik, die Lehre vom Licht, neben der Mechanik und der Thermodynamik eine der drei Säulen der klassischen Physik.

Wir können die Körper unserer Umgebung sehen, weil sie entweder selbst Licht aussenden oder das auf sie auftreffende Licht in alle möglichen Richtungen streuen. Dass wir auch weiter entfernte Vorgänge praktisch augenblicklich sehen, liegt daran, dass sich das Licht rasend schnell ausbreitet. Die Lichtgeschwindigkeit, die man mit c abkürzt, beträgt 300.000 Kilometer pro Sekunde:

$$c = 3 \cdot 10^8 \, m/s$$

Das Licht breitet sich also eine Million mal schneller aus als der Schall. Da der Umfang der Erde 40.000 km beträgt, legt das Licht in einer Sekunde eine Strecke zurück, die siebeneinhalb Mal um die ganze Erde entspricht. Dass Licht nicht unendlich schnell ist, macht sich denn auch erst bei den astronomisch großen Entfernungen im Weltraum bemerkbar. Der Mond umkreist die Erde in einem Abstand von rund 384.000 km, und deshalb braucht das am Mond gestreute Sonnenlicht gut eine Sekunde, bis es in unsere Augen gelangt. Die Sonne ist 150 Millionen Kilometer von der Erde entfernt, weswegen das Licht der Sonne über acht Minuten unterwegs ist, bis es diese Strecke überwunden hat.

Wir sehen Sonne und Mond daher nicht, wie sie im Augenblick sind, sondern wie sie vor acht Minuten bzw. einer Sekunde ausgesehen haben.

Für die unvorstellbar großen Distanzen im Weltraum benutzt man die Lichtgeschwindigkeit sogar als Entfernungsmaß: Ein Lichtjahr ist die Strecke, die das Licht in einem Jahr zurücklegt. Das sind $9,46 \cdot 10^{12}$ km, also knapp 10 Billionen Kilometer. Der uns nächste Stern nach der Sonne ist Proxima Centauri, der bereits 4,3 Lichtjahre von uns entfernt ist. Das heißt: Das Licht, das wir jetzt von diesem Stern sehen, hat er schon vor über vier Jahren abgestrahlt. Ein Blick in den Nachthimmel ist nicht nur ein Blick in die Tiefen des Weltraums, sondern auch zurück in der Zeit sprich in die Vergangenheit.

Der Wert 300.000 km/s für die Lichtgeschwindigkeit gilt im Vakuum und näherungsweise in Luft. In anderen durchsichtigen Stoffen bewegt sich das Licht langsamer - durchsichtig heißt ja gerade, dass sich Licht in dem Stoff fortpflanzen kann. So beträgt die Lichtgeschwindigkeit in Wasser 225.000 km/s, in Glas sind es „nur" rund 200.000 km/s.

Das Wort Strahlung kommt von Strahlen, und in der Tat kann man sich zunächst vereinfacht vorstellen, dass sich Licht in Form von geradlinigen Strahlen ausbreitet. Diese Strahlen können wir mitunter sogar sehen, wenn etwa das Sonnenlicht durch Wolken hindurchbricht. Das ist aber nur möglich, weil das Licht an den weniger als millimetergroßen Wassertröpfchen der Wolken in unsere Richtung gestreut wird. Deshalb kann man auch nicht, wie oft in Science-Fiction-Filmen gezeigt, Laserstrahlen im Vakuum des

Weltraums von der Seite sehen. Laser erzeugen eine besondere Art von Licht, das sich zu sehr dünnen Strahlen bündeln lässt.

Das einfache Bild der Lichtstrahlen vermag bereits eine ganze Reihe optischer Phänomene vollständig zu erklären. So die Reflexion, bei der ein Lichtstrahl im Gegensatz zur Streuung nur in eine bestimmte Richtung abgelenkt wird, etwa an einem Spiegel, auf einer Wasseroberfläche oder bei einer Fata Morgana an einer heißen Luftschicht. Unter Brechung versteht man das Phänomen, dass ein Lichtstrahl beim Übergang von einem durchsichtigen Stoff in einen anderen abrupt seine Richtung ändert. Das ist der Grund, warum wir den Boden eines Schwimmbeckens oder eines wassergefüllten Topfs höher sehen, als er in Wirklichkeit liegt. Beim Durchgang durch eine Sammellinse aus durchsichtigem Material werden Lichtstrahlen so gebrochen, dass sie sich hinter der Linse in einem Punkt vereinen. Deshalb eignen sich Linsen zur Bilderzeugung, in einem Fotoapparat ebenso wie in unseren Augen. Um nämlich einen Gegenstand scharf auf einen Film oder die Netzhaut abzubilden, müssen alle Lichtstrahlen, die an einem Punkt des Gegenstands gestreut werden, wieder in einem Bildpunkt zusammenlaufen.

Wenn Sonnenstrahlen durch einen Glaskörper mit schräg zueinander stehenden Außenflächen fallen, sieht man bisweilen dahinter ein buntes Spektrum, das aus allen Regenbogenfarben besteht: von Rot über Gelb, Grün und Blau bis Violett. Das weiße Sonnenlicht wird beim Eintritt ins Glas und beim Austritt daraus zweimal in dieselbe Richtung gebrochen und dadurch offenbar in die Spektralfarben aufgespalten. Beim Regenbogen selbst geschieht diese Doppelbrechung an den einzelnen Regentropfen: Die Sonnenstrahlen dringen vorn in den Tropfen ein, werden an seiner Rückseite reflektiert und kommen vorne wieder heraus.

Weißes Licht ist demnach kein „reines" Licht, sondern stets eine Mischung von Licht in allen Regenbogenfarben. Führt man das farbige Lichtspektrum wieder zusammen, erhält man weißes Licht. Wenn man zuvor aber eine Spektralfarbe ausblendet oder herausfiltert, ergibt die Mischung des restlichen Spektrums Licht in der Komplementärfarbe. Farben und zugehörige Komplementärfarben sind Rot und Cyan (Türkisblau), Gelb und (Dunkel-)Blau sowie Grün und Magenta (Pink). Licht einer Farbe und ihrer Komplementärfarbe ergibt zusammen wiederum weißes Licht.

Beim Experimentieren mit farbigem Licht stellt man fest: Aus den drei Grundfarben Rot, Grün und Blau lassen sich - über entsprechende Mischungsverhältnisse - alle Farben erzeugen. So erhält man z.B. gelbes Licht durch die Überlagerung von rotem und grünem Licht. Um wirklich alle Farbtöne darstellen zu können, muss man auch die Helligkeit variieren: Braun ist nichts anderes als ein dunkles Rot, und Violett ist ein dunkles Magenta. Dieses RGB-System mit den drei Grundfarben **R**ot, **G**rün und **B**lau wird auch zur Farberzeugung bei Fernsehern und Monitoren benutzt. Wenn man auf dem Computer ein Grafikprogramm hat, kann man das Mischen von Lichtfarben selbst ausprobieren.

Meist sehen wir aber Farben nicht, weil bereits die Lichtquelle farbig ist, sondern weil die Oberflächen von Körpern bunt sind. Körperfarben entstehen dadurch, dass der Körper aus dem einfallenden weißen Licht einen Teil des Spektrums absorbiert und nur die restlichen Spektralfarben streut, deren Mischfarbe wir dann sehen. So sind Pflanzen grün, weil der Pflanzenfarbstoff Chlorophyll das rote und das blaue Ende des Spektrums absorbiert und die verbleibenden Spektralfarben zusammen Grün ergeben. Wenn ein Körper das auftreffende Licht komplett streut, ist er weiß, wenn er das ganze Spektrum absorbiert, erscheint er uns schwarz.

Das Spektrum des Sonnenlichts besteht aber nicht nur aus den sichtbaren Farbanteilen, sondern hat auch noch unsichtbare Anteile: Jenseits des violetten Endes des Spektrums lässt sich ultraviolette Strahlung (UV) nachweisen, die unsere Haut bräunt und bei zu großer Intensität zu Sonnenbrand oder gar Hautschäden führt. Auf der anderen Seite des Spektrums liegt jenseits von Rot der Bereich der infraroten Strahlung (IR), die sich durch eine Wärmewirkung bemerkbar macht: Infrarotlicht ist Wärmestrahlung.

Somit bildet Infrarotstrahlung die Brücke zwischen Optik und Wärmelehre. Wenn sich Wärmeenergie im Raum ausbreitet, geschieht das überwiegend durch Wärmestrahlung, so auch bei einem Heizkörper in einem Zimmer. Es gäbe prinzipiell noch zwei andere Arten des Wärmetransports, die in Frage kämen. Das ist zum einen die Konvektion durch warme Strömungen von Flüssigkeiten und Gasen, aber die unmittelbar am Heizkörper erwärmte Luft steigt nach oben und kann niemals den ganzen Raum heizen. Die andere Möglichkeit ist die Wärmeleitung, bei der Wärmeenergie durch Materie fließt. Gute Wärmeleiter sind Metalle, weshalb sich der Metallgriff eines Löffels, der in einer heißen Suppe eingetaucht ist, rasch erwärmt und sich eine metallische Türklinke kalt anfühlt, da sie die Wärme aus unserer Hand ableitet. Luft ist hingegen ein so miserabler Wärmeleiter, dass sie sogar zur Wärmeisolation etwa in Hohlziegeln oder Doppelglasfenstern eingesetzt wird. Deshalb fließt die Wärmeenergie des Heizkörpers nicht durch die Zimmerluft, sondern wird abgestrahlt. Auch die wärmende Wirkung von Sonnenstrahlen beruht auf der Infrarotstrahlung, zumal es im Weltraum gar keine Materie gibt, in der bzw. mit der sich Wärmeenergie ausbreiten könnte.

Das Lichtspektrum lässt sich mit der Vorstellung von Lichtstrahlen nicht mehr erklären, sondern nur mit der Wellennatur des Lichts. Dass sich Licht in Wellenform ausbreitet, erkennt man z.B. am Doppelspaltversuch. Dabei lässt man das Licht etwa einer Glühbirne auf zwei nebeneinander liegende und sehr schmale Spalten fallen, deren Abstand nur im Bereich von Mikrometern liegt - 1 Mikrometer ($\mu$m) ist ein Millionstel Meter ($10^{-6}$ m) bzw. ein Tausendstel Millimeter. Dann beobachtet man auf einem Schirm hinter dem Doppelspalt nicht etwa zwei helle Linien (Spaltbilder), wie man sie bei geradlinigen Lichtstrahlen erwarten würde, sondern eine Vielzahl solcher Linien nebeneinander. Es handelt sich um ein Interferenzmuster: Eine helle Linie entsteht immer dann, wenn sich die von den beiden Spalten ausgehenden Lichtwellen verstärken, weil stets zwei Wellenberge bzw. Wellentäler gleichzeitig ankommen. Zwischen den Linien löschen sich die beiden Wellenzüge aus, und der Schirm bleibt dort dunkel.

Die Interferenzlinien sind zusätzlich in das farbige Spektrum des Glühbirnenlichts aufgespalten. Das ist nur möglich, wenn die einzelnen Spektralfarben verschiedene Wellenlängen haben. Das heißt: Die Anteile des Lichtspektrums unterscheiden sich in ihren Wellenlängen. Die Wellenlänge von Licht ist sehr klein: Der sichtbare Bereich liegt zwischen 380 und 780 Nanometern - 1 Nanometer (nm) ist ein Milliardstel Meter ($10^{-9}$ m) bzw. ein Millionstel Millimeter. Dabei ist das rote Licht das langwelligste, das blaue und violette das kurzwelligste. Oberhalb von 780 nm Wellenlänge beginnt die Infrarotstrahlung, unterhalb von 380 nm die ultraviolette Strahlung. Weißes Licht wird beim Durchgang durch geeignete Glaskörper oder auch Regentropfen deshalb in sein Spektrum zerlegt, weil die Brechung mit abnehmender Wellenlänge stärker wird.

Auch die Streuung von Licht in Gasen wie der Luft hängt von der Wellenlänge ab. Ein eindrucksvolles Beispiel dafür ist der blaue Himmel. Wenn nämlich die Teilchen viel kleiner sind als die Wellenlänge, nimmt die Streuung mit kürzer werdender Wellenlänge stark zu (sog. Rayleigh-Streuung). Da die Luftmoleküle tausendmal kleiner sind als die Wellenlänge des Lichts, streuen sie überwiegend das kurzwellige blaue Licht. Wenn jedoch am Abend die Sonne tief steht und ihr Licht einen langen Weg durch die Atmosphäre zurücklegen muss, werden aus ihm unterwegs bereits so viel kurze Wellenlängen herausgestreut, dass nur noch das langwellige rote Licht bei uns ankommt. Dieses Abendrot verstärkt sich bei hoher Luftfeuchtigkeit, weil dann die Wassermoleküle fleißig mit streuen. Sind hingegen die Teilchen viel größer als die Wellenlänge, werden alle Wellenlängen gleich stark gestreut (sog. Mie-Streuung). Daher sind auch Wolken weiß sprich farblos, weil ihre Wassertröpfchen mehr als tausendmal größer sind als die Wellenlänge des Lichts.

Eine physikalisch bedeutsame Anwendung des Wellencharakters von Licht ist die Holographie. Dieses Verfahren dient zum Aufnehmen und Wiedergeben dreidimensionaler Bilder von Körpern. Dazu benötigt man Laserlicht, weil es eine seiner besonderen Eigenschaften ist, dass es nur eine bestimmte Wellenlänge hat. Der abzubildende Körper wird mit dem Laserlicht bestrahlt und das gestreute Licht nochmals mit dem ursprünglichen Laserstrahl überlagert. Die so entstehende Interferenzwelle enthält dann zusätzlich Informationen über die räumliche Struktur des Körpers und wird auf eine Fotoplatte gebannt. Diese Aufnahme, das sog. Hologramm, hat im Gegensatz zur herkömmlichen Fotografie keinerlei Ähnlichkeit mit dem Körper, sondern zeigt nur ein wirres Interferenzmuster. Beleuchtet man aber das Hologramm mit dem gleichen Laserstrahl, sieht man ein räumliches Bild des Körpers vor sich: Verändert man den Blickwinkel, hat man den Eindruck, um den Körper herumzugehen. Es handelt sich dabei um ein rein virtuelles Bild, das man ebenso wenig z.B. auf einem Schirm auffangen kann wie das Bild, das man durch eine Lupe sieht.

Interessant ist, dass in dem zweidimensionalen Hologramm alle Informationen über das dreidimensionale Aussehen des Körpers stecken. Gegen Ende des 20. Jahrhunderts konnten die Physiker sogar theoretisch beweisen, dass ein Raumgebiet nur so viel Information enthalten kann, wie auf seine Oberfläche passt. Auf der Oberfläche eines Körpers müssen also alle Informationen Platz finden, die zu seiner vollständigen Beschreibung nötig sind. Nimmt man das holographische Prinzip ernst und fasst man das ganze Weltall als eine riesige Kugel auf, so kann es im Universum nicht mehr Informationen geben, als auf der umgebenden Kugelschale unterzubringen sind. Oder überspitzt ausgedrückt: Vielleicht leben wir in Wirklichkeit in einer zweidimensionalen Welt, und die dritte Dimension ist pure Illusion.

Aus der Wellennatur des Lichts folgt letztlich auch, dass es Energie transportiert: Je größer die Amplitude der Lichtwelle, desto größer ist ihre Intensität sprich die enthaltene Strahlungsenergie. Was aber bei einer Lichtwelle eigentlich schwingt, lässt sich erst im Rahmen des Elektromagnetismus verstehen.

## Elektrizität und Magnetismus: Verwandt und doch verschieden

Bevor Elektrizität und Magnetismus im Laufe des 19. Jahrhunderts zum weiten Gebiet des Elektromagnetismus verschmolzen, waren sie zwei eigenständige physikalische Disziplinen, deren bescheidene Anfänge bis in die Antike reichen. Die ursprüngliche Trennung ist nicht verwunderlich, da elektrische und magnetische Kräfte für sich gesehen ganz unterschiedliche Eigenschaften haben.

Zunächst zur Elektrizität: Der Begriff kommt vom altgriechischen Wort *elektron* für Bernstein, denn an diesem fossilen Harz wurden erstmals elektrostatische Erscheinungen beobachtet. Heute begegnet man solchen Erscheinungen am häufigsten bei Kunststoffen, wenn z.B. beim Öffnen eines Schnellhefters das erste Blatt Papier an der Plastikabdeckung haftet oder eine Kunststoffverpackung an den Fingern hängenbleibt. Der Grund: Wenn Körper aus geeigneten Materialien aneinander reiben, werden sie elektrisch geladen. Dieser Zustand macht sich durch elektrische Kräfte bemerkbar, die offensichtlich viel stärker sind als Gravitationskräfte.

Elektrische Ladung ist eine besondere Eigenschaft von Materie. Mit anderen Worten: Ladung ist stets an Masse gebunden, sie braucht einen materiellen Träger. Elektrische Ladungen werden in Coulomb (C) gemessen. Bei elektrostatischen Aufladungen im Alltag treten Ladungen auf, die in der Größenordnung $10^{-6}$ C sprich Millionstel Coulomb liegen.

Wenn wir unseren eigenen Körper durch die Reibung zwischen Schuhsohlen und Fußboden aufladen und dann einen metallischen Türgriff berühren, spüren wir einen elektrischen Schlag. Dabei fließt die Ladung von unserem Körper über die Tür zur Erde ab. Bewegte elektrische Ladung ist elektrischer Strom - genauso wie bewegtes Wasser eine Wasserströmung darstellt. Für den menschlichen Körper gefährlich ist nicht die Ladung an sich, sondern erst der Strom. Auch bei elektrischen Entladungen fließt also kurzzeitig ein elektrischer Strom, außerdem sind sie oft mit Geräuschen (Knistern, Knall) und Licht (Funken) verbunden. Während eines Gewitters häufen sich durch die Reibung aufsteigender warmer Luft an den Wassertröpfchen und Eiskristallen der Wolken gewaltige Ladungsmengen an, und daher werden die Entladungen von hellen Blitzen und lautem Donner begleitet.

Beim Experimentieren mit geladenen Körpern stellt man fest, dass es zwei Arten von Ladung gibt. Wenn man einen Glasstab mit einem Katzenfell reibt, trägt er eine andere Art von Ladung als ein Hartgummistab, der mit einem Ledertuch gerieben wurde. Die beiden Ladungstypen unterscheiden sich in ihrer Kraftwirkung: Gleichartige Ladungen stoßen sich ab, verschiedenartige Ladungen ziehen sich an. Gleich große Mengen der zwei Ladungstypen auf einem Körper neutralisieren sich, d.h. der Körper ist dann ungeladen. Deshalb bezeichnet man die beiden Arten als positive und negative Ladung, da zwei gleich große positive und negative Zahlen null ergeben. Per Definition trägt der Glasstab eine positive, der Gummistab eine negative Ladung.

Für die elektrische Ladung gilt ein Erhaltungssatz: Die Gesamtladung bleibt immer gleich groß, es kann stets nur gleich viel positive und negative Ladung erzeugt werden. Während der Gummistab negativ geladen wird, erhält das Ledertuch gleich viel positive Ladung. Damit elektrisch neutrale sprich ungeladene Körper überhaupt Ladung abgeben können, müssen in ihnen von Haus aus gleich viel positive und negative Ladungen enthalten sein, die sich in ihrer elektrischen Wirkung nach außen aufheben. Wenn sich positive und negative Ladungen nicht neutralisieren würden, sähe unsere Welt ganz anders aus: In unserer Umgebung und auch im Weltall wäre nicht die Gravitation, sondern die Elektrizität die dominierende Kraft.

Elektrische Kräfte wirken nur zwischen elektrischen Ladungen. Warum werden dann aber auch elektrisch neutrale

Körper von geladenen Körpern angezogen? Wenn wir etwa unseren Arm einer geladenen Plastiktüte nähern, stellen sich die Haare auf. Der Grund ist die sog. Influenz: Ist die Tüte z.B. negativ geladen, kommt es unter ihrem Einfluss in den Haaren zu einer Ladungsverschiebung derart, dass positive Ladung in die Spitzen (zur Tüte hin) gezogen und negative Ladung in die Wurzeln (von der Tüte weg) getrieben wird.

Nun zum Magnetismus: Das Wort geht auf die antike Stadt Magnesia in Kleinasien zurück, in deren Umgebung man ein eisenhaltiges Mineral mit magnetischen Eigenschaften fand, nämlich Magnetit ($Fe_3O_4$). Magnetische Kräfte sind wie elektrische Kräfte weit stärker als Gravitationskräfte, zeigen aber ansonsten ein anderes Verhalten. Ein Magnet zieht nur ferromagnetische Stoffe an. Das sind im wesentlichen Eisen (Fe), Kobalt (Co) und Nickel (Ni) sowie Verbindungen dieser drei Metalle. Auch Magnete selbst bestehen aus einem ferromagnetischen Material. Prinzipiell lässt sich jeder ferromagnetische Körper magnetisieren, d.h. zu einem Magneten machen.

Jeder Magnet besitzt an seinen beiden Enden zwei Pole, in deren Nähe die magnetischen Kräfte am stärksten sind. Die beiden Pole eines Magneten sind stets von verschiedener Art und lassen sich (wie bei der Elektrizität die zwei Ladungstypen) anhand ihrer Kraftwirkung unterscheiden. Gleichartige Pole stoßen sich ab, verschiedenartige Pole ziehen sich an. Da auch unsere Erde ein riesiger Magnet ist, dessen Pole nahe den geographischen Polen liegen, richtet sich eine drehbar gelagerte Magnetnadel in Nord-Süd-Richtung aus. Den nach Norden weisenden Pol eines Magneten nennt man Nordpol, den nach Süden gerichteten entsprechend Südpol. Da sich entgegengesetzte Pole anziehen, ist der geographische Nordpol magnetisch gesehen ein Südpol und der geographische Südpol ein magnetischer Nordpol. Der Erdmagnetismus rührt letztendlich daher, dass der Erdkern größtenteils aus Eisen besteht, das zudem im äußeren Bereich flüssig vorliegt.

Den ersten Hinweis auf den engen Zusammenhang zwischen Elektrizität und Magnetismus lieferte die Beobachtung, dass in der Umgebung eines elektrischen Stromes (also von bewegter Ladung) magnetische Kräfte wirken. Im Jahr 1820 entdeckte Hans Christian Oersted, dass eine Magnetnadel in der Nähe einer stromdurchflossenen Leitung abgelenkt wird - das war die Geburtsstunde des Elektromagnetismus. Auf der magnetischen Wirkung elektrischer Ströme beruht das Prinzip eines Elektromagneten.

## Felder: Wenn Kräfte keine Grenzen kennen

Mechanische Kräfte wirken in der Regel erst, wenn die beteiligten Körper in Kontakt sind, z.B. beim Anschieben eines Wagens oder beim Betätigen eines Hebels. Elektrische und magnetische Kräfte hingegen wirken auch über eine gewisse Entfernung hinweg zwischen Körpern, die sich gar nicht berühren: Papierschnipsel werden von einer geladenen Kunststofffolie und Büroklammern von einem Magneten angezogen, wenn sie noch ein Stück weit weg liegen. Es gibt aber auch in der Mechanik eine berührungslose Kraft, nämlich die Gravitation. Das erleben wir beim freien Fall eines Körpers und sehen es erst recht bei der gegenseitigen

Anziehung der Himmelskörper. Bei solchen Kräften mit Fernwirkung muss zwischen den Körpern nicht einmal Materie sein, sondern es kann auch Vakuum herrschen.

Um die Fernwirkung von Kräften zu erklären, führte Michael Faraday, der große Pionier des Elektromagnetismus, gegen Mitte des 19. Jahrhunderts den Begriff Feld in die Physik ein. Ein Feld ist ein Raumgebiet, das sich in einem besonderen Zustand befindet, so dass in ihm bestimmte Kräfte wirken. So erzeugt eine elektrische Ladung um sich herum ein elektrisches Feld, das sich dadurch bemerkbar macht, dass in ihm auf andere Ladungen elektrische Kräfte wirken. Ein Magnet erzeugt um sich herum ein Magnetfeld, in dem auf andere Magnete und auf ferromagnetische Körper magnetische Kräfte wirken. Und eine Masse erzeugt um sich herum ein Gravitationsfeld, in dem auf andere Massen Gravitationskräfte wirken. Diese drei Felder können auch gleichzeitig existieren, ohne sich gegenseitig zu beeinflussen: Unsere Erde besitzt ein Gravitationsfeld, ein Magnetfeld sowie ein elektrisches Feld, das bei einem Gewitter besonders stark ausgeprägt ist.

Bei Feldern muss man unterscheiden zwischen der felderzeugenden Masse, Ladung oder dem Magneten sowie einer vergleichsweise kleinen Probemasse, Probeladung bzw. einem Probemagneten, die im Feld eine entsprechende Kraft erfahren. Felder lassen sich mit Hilfe von Feldlinien darstellen, die an jeder Stelle die Kraftrichtung auf einen solchen Probekörper angeben. Im elektrischen Feld sind die Feldlinien in Richtung der Kraft auf eine positive Probeladung festgelegt. Daher gehen elektrische Feldlinien immer von positiven zu negativen Ladungen: Sie beginnen auf einer positiven und enden auf einer negativen Ladung (soweit beide vorhanden sind). Die Feldlinien einer positiv geladenen Kugel beginnen auf der Kugeloberfläche und gehen in alle Richtungen geradlinig nach außen wie die Strahlen eines Seeigels.

Im Gravitationsfeld zeigen die Feldlinien logischerweise in Richtung der Kraft auf eine Probemasse. Das Gravitationsfeld eines runden Himmelskörpers wie der Erde sieht genauso aus wie das elektrische Feld einer negativ geladenen Kugel: Wiederum sind die Feldlinien geradlinige Strahlen, die jetzt allerdings auf dem Körper enden. In der Tat lassen sich Elektrizität und Gravitation formal ganz analog beschreiben. Der einzige und wesentliche Unterschied: Bei der Elektrizität gibt es zwei Arten von Ladung, die sich je nach Kombination anziehen oder abstoßen, während bei der Gravitation die Kraft zwischen Massen stets anziehend ist.

Ganz anders verhält es sich beim Magnetismus, da Magnete immer aus zwei Polen bestehen. Im Magnetfeld geben die Feldlinien vereinbarungsgemäß die Richtung der Kraft auf den Nordpol eines Probemagneten an. Deshalb gehen magnetische Feldlinien vom Nordpol zum Südpol eines Magneten. So verlaufen z.B. die Feldlinien eines Stabmagneten vom Nordpol in immer weiteren Bögen zum Südpol. Ein ähnliches elektrisches Feld erhält man, wenn man zwei entgegengesetzt gleich groß geladene Kugeln in den gleichen Abstand bringt, in dem sich die Pole des Stabmagneten befinden. Auf der direkten Verbindungslinie gibt es aber einen grundlegenden Unterschied: Im elektrischen Fall geht hier eine Feldlinie geradewegs von der positiven zu der negativen Kugel. Beim Stabmagneten hingegen enden die Feldlinien nicht etwa am Südpol, sondern tauchen dort in den Körper ein, gehen geradlinig durch den Magneten hindurch und treten am Nordpol wieder aus. Im Gegensatz zu elektrisch geladenen Körpern ist bei einem Magneten auch das Innere von einem Feld erfüllt, das dafür sorgt, dass der Körper magnetisiert sprich ein Magnet bleibt.

Magnetische Feldlinien sind also immer geschlossen - sie haben keinen Anfang und kein Ende. Besonders deutlich wird das beim Magnetfeld von elektrischen Strömen: Die Feldlinien eines geraden stromdurchflossenen Kabels sind Kreise um das Kabel - eine Magnetnadel wird nicht in Richtung auf das Kabel, sondern seitlich abgelenkt. Das Magnetfeld einer stromdurchflossenen Spule entspricht dem eines Stabmagneten: Die Feldlinien verlassen die Spule an einem Ende, beschreiben einen Bogen zum anderen Ende und verlaufen dann geradlinig durch die Spule, bis sie sich schließen. Schiebt man ein Stück Eisen in die Spule, wird es durch das Feld im Inneren magnetisiert und verstärkt so nach außen das Magnetfeld der Spule.

In Feldern werden Probekörper durch die auftretenden Kräfte bewegt: Ein positiv geladenes Stück Aluminiumpapier wird von einer positiv geladenen Metallkugel abgestoßen, ein losgelassener Ball fällt zur Erde, und der Nordpol einer Magnetnadel wird zum Südpol eines Stabmagneten gezogen. Da Kraft mal Weg gleich Arbeit ist, wird an den Probekörpern Arbeit verrichtet, und die dazu nötige Energie kommt offenbar aus dem Feld. In einem Feld steckt also Energie: Ein elektrisches Feld besitzt elektrische Energie, ein Gravitationsfeld besitzt Gravitationsenergie, und ein Magnetfeld besitzt magnetische Energie. Das heißt auch: Felder sind keineswegs nur gedankliche Hilfsvorstellungen, sondern physikalische Realität.

Nicht nur die Felder als Ganzes, auch die Probekörper im Feld besitzen Energie. Um das positiv geladene Aluminiumpapier näher an die positiv geladene Metallkugel zu bringen, muss man gegen die elektrische Kraft Arbeit verrichten, die das Papier als elektrische Energie speichert. Auch zum Heben des Balls gegen die Gravitationskraft ist Arbeit nötig, die der Ball als Gravitationsenergie speichert. Und um die magnetische Energie der Magnetnadel zu erhöhen, genügt es sogar, sie gegen die magnetischen Kräfte umzudrehen, so dass nicht mehr ihr Nordpol, sondern ihr Südpol dem Südpol des Stabmagneten zugewandt ist. Die Energien von Probekörpern in Feldern sind potentielle Energien, weil sie vom Ort bzw. der Lage der Körper im Feld abhängen.

Speziell bei den einander so ähnlichen elektrischen und Gravitationsfeldern verwendet man in diesem Zusammenhang auch einen anderen Begriff, nämlich Potential. Das Gravitationspotential gibt an, wie groß die potentielle Energie eines Körpers der Masse 1 Kilogramm an einer Stelle des Gravitationsfeldes ist. So nimmt nahe der Erdoberfläche das Gravitationspotential mit jedem Höhenmeter um rund 10 J/kg (Joule pro Kilogramm) zu. Analog versteht man unter dem elektrischen Potential die potentielle Energie, die ein Körper mit der Ladung 1 Coulomb an einer Stelle des elektrischen Feldes besitzt. Die zugehörige Maßeinheit Joule pro Coulomb (J/C) nennt man auch kurz Volt (V), und der Potentialunterschied zwischen zwei Punkten des elektrischen Feldes heißt elektrische Spannung. Beispiel: Ein Plattenkondensator besteht aus zwei entgegengesetzt geladenen Metallplatten, die sich parallel gegenüberstehen. Wenn die Platten den Abstand 10 cm haben und an ihnen die Spannung 1000 V anliegt, nimmt von der negativen zur positiven Platte das elektrische Potential pro Zentimeter um 100 V zu.

Zwischen zwei entgegengesetzt geladenen Körpern herrscht immer ein Potentialunterschied sprich eine Spannung, was gleichbedeutend mit einem elektrischen Feld ist. So auch zwischen dem Pluspol und dem Minuspol einer Batterie: Verbindet man die Pole mit elektrischen Leitungen, ist auch das Innere der Leiter von einem elektrischen Feld durchsetzt. Deshalb werden Ladungen in den Leitern durch elektrische Kräfte bewegt: Es fließt ein elektrischer Strom. Kurz: Eine elektrische Spannung bewirkt in einem elektrischen Leiter einen elektrischen Strom - genauso wie ein Druckunterschied in einer Wasserleitung eine Wasserströmung verursacht.

Der physikalische Feldbegriff eignet sich nicht nur für Kraftfelder bzw. Energiefelder, wie sie bei Gravitation, Elektrizität und Magnetismus auftreten. Immer wenn eine Messgröße in einem Raumgebiet je nach Ort einen anderen Wert annehmen kann, spricht der Physiker von einem Feld. So stellt die (laminare) Strömung einer Flüssigkeit oder eines Gases ein Geschwindigkeitsfeld dar: An jedem Ort haben die Teilchen eine bestimmte Strömungsgeschwindigkeit, und die Feldlinien einer Strömung sind Stromlinien, die an jeder Stelle die Geschwindigkeitsrichtung angeben.

# Elektronen: Der Schalenaufbau der Atome

Woher rührt eigentlich die elektrische Ladung von Körpern? Wegweisend für diese Frage waren die Entdeckung und die Analyse der Kathodenstrahlen in der zweiten Hälfte des 19. Jahrhunderts. Um Kathodenstrahlen zu erzeugen, benötigt man eine Glasröhre, in der Vakuum herrscht und zwei Elektroden (z.B. Metallstäbe) angebracht sind, die entgegengesetzte Ladungen tragen. Die positiv geladene Elektrode heißt Anode, die negativ geladene Elektrode ist die Kathode. Liegt zwischen den Elektroden eine hohe Spannung an, tritt aus der Kathode Strahlung aus. Untersuchungen mit elektrischen und magnetischen Feldern zeigen, dass diese Kathodenstrahlen aus negativ geladenen Teilchen bestehen. Die Kathodenstrahlen entstehen auch bei niedrigerer Spannung, wenn man die Kathode zusätzlich heizt (sog. glühelektrischer Effekt). Dann besitzen die Teilchen schon aufgrund ihrer Wärmebewegung genügend kinetische Energie, um die Kathode zu verlassen.

Die negativ geladenen Teilchen der Kathodenstrahlen sind untereinander alle völlig gleich, und zwar auch unabhängig davon, aus welchem Metall die Kathode besteht. Es handelt sich also um ein elementares Teilchen, das den Namen Elektron erhielt. Die Masse des Elektrons ist verschwindend klein: Sie beträgt nur $9{,}1 \cdot 10^{-31}$ kg und ist damit nochmals fast 2000-mal kleiner als die Masse des leichtesten Atoms, des Wasserstoffatoms. Jedes Elektron besitzt die Ladung $1{,}6 \cdot 10^{-19}$ C, die man als Elementarladung bezeichnet und mit e abkürzt:

$$e = 1,6 \cdot 10^{-19}\ C$$

Ein Elektron trägt immer eine negative Elementarladung, sie ist so untrennbar mit dem Teilchen verbunden wie seine Masse. Die Bezeichnung Elementarladung ist vollauf gerechtfertigt, denn die elektrische Ladung ist gequantelt: In der Natur gibt es keine kleineren Ladungen als die Elementarladung, und alle Ladungswerte sind stets Vielfache von $1,6 \cdot 10^{-19}$ C. Der Grund: Körper werden dadurch positiv oder negativ geladen, dass sie Elektronen abgeben bzw. aufnehmen. Die Quantelung der elektrischen Ladung macht sich bei elektrostatischen Aufladungen von typischerweise $10^{-6}$ C nur deshalb nicht bemerkbar, weil das Hinzufügen oder Entfernen einer Elementarladung den Wert erst in der 13. Stelle hinter dem Komma ändert - und das ist nicht messbar.

Da Materie aus Atomen aufgebaut ist, müssen die Elektronen aus den Atomen kommen. Das bedeutet zunächst: Atome sind keineswegs unteilbar, sondern bestehen zumindest aus Elektronen und Atomrümpfen. Aus der Ladung und der Masse der Elektronen folgt: Die Atomrümpfe sind positiv geladen, weil Materie und damit Atome in der Regel elektrisch neutral sind, und besitzen nahezu die gesamte Masse des Atoms. Und da Elektronen verhältnismäßig leicht Materie verlassen können, müssen sie in den Außenbereichen der Atome sitzen.

Weitere Experimente an der Wende vom 19. zum 20. Jahrhundert verfeinerten das Bild: Zum einen entspricht die Anzahl der Elektronen, die ein Atom enthält, der Ordnungszahl des Elements im Periodensystem. Atome verschiedener Elemente unterscheiden sich also nicht nur in ihrer Masse, sondern vor allem auch in der Anzahl ihrer Elektronen - und damit der Anzahl der positiven Elementarladungen in der Hauptmasse des Atoms.

Zum anderen sind Atome und damit Materie größtenteils so leer wie der Weltraum. Wenn man nämlich Elektronen (aus Kathodenstrahlen) mit hoher Geschwindigkeit auf eine dünne Aluminiumfolie schießt, können die meisten von ihnen die Folie mühelos durchdringen und kommen auf der anderen Seite wieder heraus. Deshalb muss nahezu die gesamte Masse des Atoms und mit ihr die positive Ladung in einem sehr kleinen Atomkern konzentriert sein, der von einer Elektronenhülle weit draußen am Rand des Atoms umgeben ist - das Vakuum dazwischen ist nur von elektrischen Feldern erfüllt.

Die Durchmesser von Atomkernen liegen in der Größenordnung von $10^{-15}$ m, d.h. sie sind etwa hunderttausendmal kleiner als die Atome selbst. Beispiel: Das Wasserstoffatom (Ordnungszahl 1) besitzt nur ein Elektron. Den Kern des Wasserstoffatoms, der die Masse $1{,}67 \cdot 10^{-27}$ kg besitzt und eine positive Elementarladung trägt, nennt man Proton. Wenn man sich das Proton als Sandkorn der Größe 1 mm vorstellt, dann ist das Elektron nur ein negativ geladener Punkt in 50 m Entfernung. Zum Vergleich: Fasst man die Sonne als glühenden Ballon von anderthalb Meter Durchmesser auf, dann ist die Erde eine Haselnuss in 150 m Entfernung.

Der Vergleich ist durchaus angebracht. Denn da der positiv geladene Atomkern die negativ geladenen Elektronen anzieht, müssen sich die Elektronen bewegen, damit sie nicht in den Kern fallen. Es war Ernest Rutherford, der daher im Jahr 1911 vorschlug, dass Elektronen den Atomkern ebenso umkreisen wie die Planeten die Sonne. Diese Schlussfolgerung liegt auch deshalb nahe, weil sich Elektrizität und Gravitation formal so ähnlich sind. Das Bestechende am Rutherford'schen Atommodell ist, dass dann unsere Welt im Mikrokosmos (Atom) genauso aufgebaut ist wie im Makrokosmos (Weltall).

Die Elektronen in der Atomhülle sind es, die mit der Außenwelt in Kontakt stehen. Es ist daher die Elektronenkonfiguration des Atoms, die das chemische Verhalten und die meisten physikalischen Eigenschaften des Elements bestimmt. Um aber das Periodensystem vollständig erklären zu können, muss man zusätzlich annehmen, dass die Elektronen auf Schalen angeordnet sind. Das heißt: Sie können den Atomkern nicht auf beliebigen Bahnen umkreisen, sondern nur in ganz bestimmten Abständen. Wiederum ein Vergleich zur Gravitation: Eine solche Schale bildet auch die geostationäre Umlaufbahn. Das ist der Abstand von der Erde (in rund 36.000 km Höhe), in dem sich ein Körper genauso schnell um die Erde bewegt, wie die Erde sich dreht. Inzwischen wimmelt es von künstlichen Satelliten, die alle in diesem Abstand auf geostationären Bahnen um die Erde kreisen.

Dagegen können die Schalen im Atom nur eine begrenzte Anzahl von Elektronen aufnehmen. Das Fassungsvermögen der Schalen wird dabei mit zunehmendem Abstand vom Atomkern größer, weil sie dann immer mehr

Unterschalen enthalten. Eine Schale besteht nämlich nochmals aus Unterschalen, die man aus historischen Gründen mit den Buchstaben s, p, d und f bezeichnet. Die s-Unterschale fasst nur 2 Elektronen, die p-Unterschale 6, die d-Unterschale 10 und die f-Unterschale 14 Elektronen.

Daraus setzen sich die Schalen folgendermaßen zusammen: Die innerste, dem Atomkern am nächsten gelegene Schale enthält nur eine s-Unterschale und kann daher bloß 2 Elektronen aufnehmen. Die zweite Schale besteht aus einer s- und einer p-Unterschale und fasst somit insgesamt 8 Elektronen. Die dritte Schale besitzt zusätzlich eine d-Unterschale, so dass auf ihr zusammen 18 Elektronen Platz finden. Und bei der vierten Schale kommt noch eine f-Unterschale hinzu, weshalb auf sie schließlich 32 Elektronen passen. Jede weitere Schale hätte noch eine Unterschale mehr, doch diese Unterschalen spielen in der Natur keine Rolle. Die Zahlen 2, 8, 18 und 32, die das Fassungsvermögen der Schalen angeben, entsprechen genau den Periodenlängen im Periodensystem.

Damit können wir nun den Aufbau des Periodensystems verstehen: Mit zunehmender Ordnungszahl besetzt die steigende Anzahl der Elektronen die Schalen von innen nach außen. Denn je näher die Elektronen dem Atomkern sind, desto geringer ist ihre potentielle Energie in dessen elektrischem Feld - genauso wie im Schwerefeld der Erde die potentielle Energie eines Körpers mit abnehmender Höhe kleiner wird. Und nach dem Prinzip der minimalen Energie befinden sich die Elektronen im Zustand der geringstmöglichen potentiellen Energie. Die Nummer der Perioden (Zeilen) des Periodensystems ist die Nummer der äußersten Schale, in der schon Elektronen sitzen. Gehen wir das Periodensystem der Reihe nach durch:

In der 1. Periode gibt es nur die zwei Elemente Wasserstoff (H) und Helium (He), weil dann die erste und innerste Schale bereits voll ist. In der 2. Periode wird bei Lithium (Li) und Beryllium (Be) die s-Unterschale und bei den sechs Elementen von Bor (B) bis Neon (Ne) die p-Unterschale der zweiten Schale mit Elektronen aufgefüllt. Das gleiche geschieht in der 3. Periode (Schale) bei den acht Elementen von Natrium (Na) bis Argon (Ar). Als nächstes kommt aber bei Kalium (K) und Calcium (Ca) erst die s-Unterschale der vierten Schale zum Zug, bevor bei den zehn Elementen von Scandium (Sc) bis Zink (Zn) die d-Unterschale der dritten Schale besetzt wird. Auch in den weiteren Perioden werden die d-Unterschalen immer nach der s-Unterschale der nächsthöheren Schale aufgefüllt, weil das offenbar energetisch günstiger ist. Noch zögerlicher nehmen die f-Unterschalen Elektronen auf: Bei den auf Lanthan (La) folgenden vierzehn Elementen in der 6. Periode (mit einem Sternchen markiert), den sog. Lanthaniden oder Seltenen Erden, wird die f-Unterschale der vierten Schale besetzt. Und bei den auf Actinium (Ac) folgenden Elementen der 7. Periode (mit zwei Sternchen markiert), den Actiniden, ist entsprechend die f-Unterschale der fünften Schale dran.

Zusammengefasst heißt das: In den Hauptgruppen IA bis VIIIA des Periodensystems werden die s- und p-Unterschalen mit Elektronen aufgefüllt. Dabei haben die Elemente einer Hauptgruppe (Spalte) stets gleich viele Elektronen in der äußersten Schale: die Alkalimetalle (IA) nur eines, die Erdalkalimetalle (IIA) zwei, die Halogene (VIIA) sieben und die Edelgase (VIIIA) acht Elektronen (bis auf Helium). Die römische Ziffer der Hauptgruppe gibt also die Anzahl der Elektronen in der äußersten Schale an. Die Elemente einer Hauptgruppe sind einander chemisch und physikalisch so ähnlich, weil sie gleich viele Elektronen in der äußersten Schale enthalten.

Anders ist das in den Nebengruppen IIIB bis IIB, bei den sog. Übergangsmetallen: Hier besitzen alle Atome zwei Elektronen in der äußersten Schale, nämlich eine volle s-Unterschale. Die Elemente verschiedener Nebengruppen unterscheiden sich vielmehr in der Anzahl der Elektronen in der eine Schale tieferliegenden d-Unterschale. Deshalb zeigen auch Metalle benachbarter Nebengruppen untereinander eine gewisse Ähnlichkeit. Noch ausgeprägter ist das bei den Lanthaniden und Actiniden, deren Atome unterschiedlich viele Elektronen in einer zwei Schalen tieferliegenden f-Unterschale haben. Die Lanthaniden und Actiniden sind untereinander jeweils kaum mehr zu unterscheiden.

## Chemische Bindungen: Atome auf Partnersuche

In den meisten Stoffen liegen die Atome nicht einzeln vor, sondern sind zu Molekülen oder gar ganzen Festkörpern verbunden. Nur die Atome der Edelgase in der VIII. Hauptgruppe des Periodensystems weigern sich hartnäckig, sich mit anderen Atomen einzulassen, und bleiben lieber für sich. Offenbar ist die Elektronenkonfiguration der Edelgase besonders stabil. Die Edelgasatome besitzen acht

Elektronen in der äußersten Schale, nämlich eine voll besetzte s- und p-Unterschale - lediglich Helium hat bloß eine s-Unterschale mit zwei Elektronen. Eine Edelgaskonfiguration mit acht bzw. zwei Elektronen in der äußersten Schale bezeichne ich im Folgenden als abgeschlossene Schale.

In der Tat streben alle Atome nach einer solchen stabilen Edelgaskonfiguration. Das gelingt ihnen auch, indem sie sich mit anderen Atomen verbinden. Einzelne Atome, die nicht eine abgeschlossene Schale besitzen, zeigen sich sehr aggressiv sprich reaktionsfreudig und werden daher auch Radikale genannt. Ohne das Bestreben der Atome, eine abgeschlossene äußere Elektronenschale zu erhalten, würden weder Moleküle noch Festkörper existieren. Es gibt für die Atome prinzipiell drei Wege, dies zu erreichen: die Atombindung, die Ionenbindung und die Metallbindung.

Zunächst die Atombindung, die bei Nichtmetallen auftritt: Nichtmetallatome erreichen eine abgeschlossene Schale, indem sie sich einige ihrer äußeren Elektronen miteinander teilen. Das passiert bereits bei den gasförmigen Elementen, die als zweiatomige Moleküle vorliegen. Beispiel Sauerstoff: Als Mitglied der VI. Hauptgruppe hat Sauerstoff (O) sechs Elektronen in der äußeren Schale, es fehlen also noch zwei Elektronen für die Edelgaskonfiguration von Neon. Deshalb stellen zwei Sauerstoffatome jeweils zwei ihrer Elektronen für eine Bindung zur Verfügung. Die vier Bindungselektronen gehören dann praktisch beiden Atomen gleichzeitig. Zusammen mit den restlichen vier Elektronen am Atom ergibt das acht Elektronen sprich eine abgeschlossene Schale.

Auch Verbindungen zwischen verschiedenen Nichtmetallen kommen durch Atombindungen zustande. Bei Wasser ($H_2O$) stellt das Sauerstoffatom wiederum zwei seiner sechs äußeren Elektronen zur Bindung bereit. An die beiden Elektronen lagern sich jetzt aber zwei Wasserstoffatome an, die ja ohnehin jeweils nur ein Elektron einbringen können. So erhält das Sauerstoffatom abermals formal acht Elektronen und die Wasserstoffatome jeweils zwei Elektronen sprich die Edelgaskonfiguration von Helium.

Von besonderer Bedeutung sind die Verbindungen des Kohlenstoffs (C), denn das sind die Stoffe, aus denen die Lebewesen einschließlich wir Menschen aufgebaut sind bzw. die von Lebewesen produziert werden. Alle organischen Moleküle enthalten ein Grundgerüst aus Kohlenstoffatomen - ob es nun einfache Kohlenwasserstoffe und Alkohole sind oder komplexe Verbindungen wie Fette, Kohlenhydrate (Zucker) und Proteine (Eiweiße). Die Vielfalt der organischen Verbindungen beruht auf zwei besonderen Eigenschaften des Kohlenstoffatoms: Zum einen besitzt Kohlenstoff als Element der IV. Hauptgruppe vier äußere Elektronen, weshalb jedes Atom gleich mit vier anderen Atomen Bindungen eingehen kann. Und zum anderen neigen Kohlenstoffatome dazu, lange Ketten und auch Ringe auszubilden.

Nun zur Ionenbindung, die Verbindungen zwischen Metallen und Nichtmetallen - das sind Salze und Minerale - zusammenhält: Hier gehen die äußeren Elektronen der Metallatome ganz auf die Nichtmetallatome über. Nehmen wir als Beispiel gewöhnliches Kochsalz, das chemisch gesehen Natriumchlorid (NaCl) ist. Natrium hat als Metall der

I. Hauptgruppe nur ein äußeres Elektron. Wenn ein Natriumatom dieses Elektron abgibt, erreicht es die darunterliegende abgeschlossene Schale, d.h. die Edelgaskonfiguration von Neon. Chlor besitzt als Element der VII. Hauptgruppe sieben äußere Elektronen. Wenn ein Chloratom ein Elektron aufnimmt, erhält es ebenfalls eine abgeschlossene Schale aus acht Elektronen, nämlich die Edelgaskonfiguration von Argon. Mit dem Elektron wird aber auch eine negative Elementarladung übertragen. Geladene Atome heißen Ionen. Deshalb wird das Natriumatom zu einem einfach positiv geladenen Natriumion $Na^+$ und das Chloratom zu einem einfach negativ geladenen Chloridion $Cl^-$.

Die Ionenbindung der Salze und Minerale beruht daher auf elektrischen Kräften zwischen den positiv geladenen Metallionen und den negativ geladenen Nichtmetallionen. Diese elektrischen Kräfte zwingen die Ionen auf ganz bestimmte Plätze: Es entsteht eine völlig regelmäßige Atomanordnung, ein sog. Kristallgitter. So ist in einem Kochsalzkristall jedes Natriumion von sechs Chloridionen umgeben, und zwar oben und unten, links und rechts sowie vorne und hinten - das gleiche gilt für jedes Chloridion. Aufgrund der starren, durch die elektrischen Kräfte vorgegebenen Kristallstruktur lassen sich Salze und Minerale auch nicht verformen, sondern können allenfalls bei zu großer Krafteinwirkung brechen.

Schließlich die Metallbindung: Fast alle Metalle besitzen nur ein oder zwei Elektronen in ihrer äußersten Schale. Um zu der begehrten darunterliegenden Schale zu gelangen, stoßen Metallatome die äußeren Elektronen einfach ab. Ein

Metall hat daher ein Kristallgitter aus lauter positiv geladenen Metallionen, die in einen See oder besser gesagt in eine Wolke negativer Elektronen eingebettet sind. Diese Elektronen lassen sich dann keinem bestimmten Metallatom mehr zuordnen, sondern gehören gleichsam dem ganzen Kristall und können sich völlig frei durch ihn bewegen.

Daher rührt auch die gute elektrische Leitfähigkeit von Metallen. Wenn an einen Metalldraht eine elektrische Spannung angelegt wird, setzen sich die ungebundenen Elektronen in Richtung Pluspol in Bewegung und transportieren so ihre negative Ladung durch den Draht, d.h. es fließt ein elektrischer Strom. Dabei stoßen die Elektronen häufig an Metallatome und versetzen sie in stärkere Schwingung, so dass die Temperatur des Drahtes steigt. Deshalb erwärmen sich Metalle bei Stromfluss, was wir in Herdplatten und Bügeleisen ausnutzen. Die Wärmebewegung der frei beweglichen Elektronen selbst ist übrigens für die gute Wärmeleitfähigkeit von Metallen verantwortlich: Wenn die Elektronen durch den Kristall wandern, transportieren sie automatisch Wärmeenergie.

Nichtmetalle und Salze leiten keinen elektrischen Strom, weil alle Elektronen fest an die Atome gebunden sind. Löst sich allerdings ein Salz in Wasser auf, dann ist die Lösung elektrisch leitend. Im Gegensatz zu Metallen sind die Ladungsträger hier aber nicht Elektronen, sondern Ionen. Denn im Wasser lösen sich die Ionen des Salzes voneinander und schwimmen alle einzeln umher. Taucht man zwei Elektroden in die Lösung, wandern die positiv geladenen

Metallionen zur negativen Kathode und die negativ geladenen Nichtmetallionen zur positiven Anode - es fließt also Strom.

Dabei macht man eine interessante Beobachtung, die sich Elektrolyse nennt. Wenn es sich bei dem gelösten Salz z.B. um Kupferchlorid handelt, erhalten die positiven Kupferionen an der negativen Kathode wieder Elektronen und werden zu neutralen Kupferatomen - an der Kathode scheidet sich ein metallischer Überzug aus rötlichem Kupfer ab. Die negativen Chloridionen werden gleichfalls neutralisiert, indem sie ihr überschüssiges Elektron an die positive Anode abgeben - an der Anode steigen Blasen aus grünlichem Chlorgas auf. Die Elektrolyse stellt eine chemische Reaktion dar: Die Verbindung Kupferchlorid wird in die Elemente Kupfer und Chlor aufgespalten.

Der Aufbau der Atome kann nicht nur die elektrischen Eigenschaften von Stoffen erklären, sondern auch den Magnetismus. Wenn ein negativ geladenes Elektron um einen Atomkern kreist, stellt das einen elektrischen Strom dar. Dieser Kreisstrom erzeugt ein Magnetfeld, das dem Feld einer stromdurchflossenen Leiterschleife (einer Spule mit nur einer Windung) entspricht. Allerdings ist das Magnetfeld zum einen sehr schwach, zum anderen besitzen Atome in der Regel viele Elektronen, die sich auf zueinander geneigten Bahnen bewegen, so dass sich ihre magnetische Wirkung aufhebt. Aber die Metalle Eisen, Kobalt und Nickel haben eine derart spezielle Elektronenkonstellation, dass sich die Magnetfelder insgesamt verstärken: Die Atome bilden gleichsam winzige Stabmagnete. In einem ferromagnetischen Körper zeigen diese Elementarmagnete jedoch normalerweise in alle möglichen Richtungen, weshalb sich ihre Felder nach außen hin wiederum aufheben. Wenn der Körper hingegen magnetisiert sprich ein Magnet ist, sind alle Elementarmagnete gleich ausgerichtet und addieren sich in ihrer Wirkung.

Um diese magnetische Ordnung zu zerstören und den Körper zu entmagnetisieren, muss man die Elementarmagnete sprich Atome durcheinander schütteln. Das geschieht auch beim Erhitzen, wenn die Atome in sehr heftige Wärmebewegung geraten. Oberhalb einer bestimmten Temperatur, der sog. Curie-Temperatur (bei Eisen z.B. 744 °C) verliert der Körper seine magnetische Wirkung. Der Physiker spricht von einem Phasenübergang: Bei der Curie-Temperatur geht der ferromagnetische Körper von der magnetisierten in die entmagnetisierte Phase über, von einem geordneten in einen ungeordneten Zustand. Solche Phasenübergänge sind auch das Schmelzen und Verdampfen von Stoffen bei der Schmelz- bzw. Siedetemperatur, weil die Atome im festen, flüssigen und gasförmigen Zustand einen unterschiedlichen Ordnungsgrad aufweisen.

Neben fest, flüssig und gasförmig gibt es noch eine vierte Zustandsform der Materie, die jedoch erst bei sehr hohen Temperaturen von einigen tausend Grad Celsius auftritt. Dann haben die äußeren Elektronen allein aufgrund ihrer Wärmebewegung genügend kinetische Energie, um das elektrische Feld des Atomkerns zu verlassen. Ein derartiges Gasgemisch aus positiven Ionen und negativen Elektronen heißt Plasma. Kurzzeitig entsteht ein solches Plasma in einem Blitz, der auf seinem Weg sämtliche Luftmoleküle vorübergehend ionisiert. Vollständig im Plasmazustand befinden sich die Sterne wie unsere Sonne. Da Sterne größtenteils aus Wasserstoff bestehen, bilden sie ein Gasgemisch aus Protonen und Elektronen. Der Sonnenwind, den die Sonne in den Weltraum ausstößt, ist daher auch ein Strom aus Protonen und Elektronen. Wenn der Sonnenwind auf die Erde trifft, wird er vom Erdmagnetfeld zu den Polen hin abgelenkt und erzeugt dort die grandiosen Nordlichter. Die Frage, warum geladene Teilchen in einem Magnetfeld abgelenkt werden, führt uns zurück zu den Grunderscheinungen des Elektromagnetismus.

## Elektromagnetismus: Stetes Wechselspiel

Elektrizität und Magnetismus sind auf vielfältige Weise miteinander verwoben und können sich sogar gegenseitig erzeugen. Wie wir bereits wissen, ist ein elektrischer Strom, d.h. bewegte elektrische Ladung, stets von einem Magnetfeld umgeben. Das bedeutet aber auch, dass ein stromdurchflossener Leiter (z.B. ein Metalldraht) in einem anderen Magnetfeld eine Kraft erfährt und bewegt wird - das ist das Prinzip eines Elektromotors.

Die Kraft auf einen stromdurchflossenen Leiter in einem äußeren Magnetfeld lässt sich aber auch anders interpretieren: Ursache dafür ist letztendlich, dass auf bewegte Ladungen (die Elektronen des Metalldrahts) in einem Magnetfeld eine Kraft wirkt. Während im elektrischen Feld grundsätzlich an allen Ladungen eine Kraft angreift (auch wenn sie ruhen), erfahren Ladungen im Magnetfeld nur dann eine Kraft, wenn sie sich bewegen.

Nun kann man die Elektronen des Metalldrahts aber auch einfach dadurch bewegen, dass man den (stromlosen) Leiter mit der Hand durch das Magnetfeld führt. In der Tat wirkt dann auf die Elektronen wieder eine Kraft, die sie zu einem Ende des Leiters hin treibt. An diesem Ende sammelt sich daher negative Ladung an, während sich das andere Ende, an dem die Elektronen fehlen, positiv auflädt - zwischen den Enden des Leiters misst man also eine elektrische Spannung. Der Physiker nennt das Induktion: Durch die Bewegung eines Leiters in einem Magnetfeld wird in ihm eine elektrische Spannung induziert - das ist das Prinzip eines Generators.

Induktion tritt in vielen Situationen auf. Egal ob man z.B. eine Leiterschleife in ein Magnetfeld hineinbewegt oder aus ihm herauszieht, im Magnetfeld dreht oder einfach nur das Magnetfeld (eines Elektromagneten) ein- oder ausschaltet, jedes Mal misst man zwischen den Enden der Leiterschleife eine Spannung. Eine Induktionsspannung tritt immer auf, wenn sich das Magnetfeld, das einen Leiter durchsetzt, mit der Zeit ändert - das ist das sog. Induktionsgesetz.

Alle Gesetze des Elektromagnetismus fasste James Clerk Maxwell im Jahr 1864 in nur vier Gleichungen zusammen, aus denen sich sämtliche elektrischen und magnetischen Erscheinungen herleiten lassen. Die vier Maxwell-Gleichungen haben eine komplizierte mathematische Struktur, mit einfachen Worten lassen sie sich etwa folgendermaßen ausdrücken:

1. Die Quellen und Senken des elektrischen Feldes sind elektrische Ladungen. Das heißt: Elektrische Feldlinien beginnen auf positiven und enden auf negativen Ladungen.

2. Geschlossene elektrische Feldlinien entstehen, wenn sich ein Magnetfeld mit der Zeit verändert. Das ist eine andere Formulierung des Induktionsgesetzes.

3. Ein Magnetfeld hat weder Quellen noch Senken. Das heißt: Magnetische Feldlinien sind immer geschlossen.

4. Die geschlossenen magnetischen Feldlinien entstehen durch einen elektrischen Strom, oder wenn sich ein elektrisches Feld mit der Zeit verändert.

Aus den Maxwell-Gleichungen folgt, dass es auch im Vakuum, d.h. im völlig materie- und damit ladungsfreien Raum, elektrische und magnetische Felder geben kann. Denn ein zeitlich veränderliches elektrisches Feld umgibt sich mit einem zeitlich veränderlichen Magnetfeld, das um sich herum ein zeitlich veränderliches elektrisches Feld induziert, das um sich wiederum ein zeitlich veränderliches Magnetfeld erzeugt und so fort. Die geschlossenen Feldlinien dieser elektrischen und magnetischen Wechselfelder greifen wie die Glieder einer Kette ineinander. Maxwell berechnete, dass sich solche verketteten elektrischen und magnetischen Felder wie Wellen im Raum ausbreiten.

Diese von Maxwell theoretisch vorausgesagten elektromagnetischen Wellen wies Heinrich Hertz im Jahr 1886 experimentell nach. Es war das erste Mal in der Geschichte der Physik, dass nicht die experimentellen Befunde den Anstoß zu einer umfassenden Theorie gegeben haben, sondern sich eine theoretische Vorhersage erst nachträglich im Experiment als richtig herausgestellt hat. Seitdem ist es bis heute eher die Regel, dass die Theorie dem Experiment weit voraus ist - und erstaunlicherweise mit ebensolcher Regelmäßigkeit bestätigt wird.

Der Nachweis elektromagnetischer Wellen gelang Hertz folgendermaßen: Als Sender benutzte er einen dünnen Metallstab, in dem er durch eine angelegte Wechselspannung eine elektromagnetische Schwingung anregte. Dabei bewegt sich Ladung periodisch von einem Ende des Stabes zum anderen: Die beiden Enden sind abwechselnd positiv und negativ geladen und erzeugen ein entsprechendes elektrisches Feld. Beim Umpolen fließt Ladung durch den Stab, und dieser elektrische Strom ist von einem Magnetfeld umgeben. Die elektrischen und magnetischen Felder lösen sich teilweise vom Metallstab und breiten sich als elektromagnetische Welle im Raum aus. Als Empfänger diente Hertz ein zweiter Metallstab in einer gewissen Entfernung, in dem der elektrische Feldanteil der Welle die Elektronen wiederum zu einer elektromagnetischen Schwingung anregte. Entscheidend ist, dass bei der elektromagnetischen Schwingung im Sender ständig Ladungen (Elektronen) beschleunigt werden. Es gilt allgemein: Beschleunigte elektrische Ladungen strahlen elektromagnetische Wellen ab.

Seitdem bezeichnet man die Maßeinheit für die Frequenz, die die Häufigkeit angibt, mit der Strom seine Richtung pro Sekunde ändert, als Hertz (Hz). Ein Hertz ist dabei 1 Zyklus pro Sekunde.

Bereits aus den Maxwell-Gleichungen lässt sich berechnen, dass sich elektromagnetische Wellen mit Lichtgeschwindigkeit ausbreiten. Das bedeutet, dass auch Licht aus elektromagnetischen Wellen besteht. Damit wird die Optik zu einem Teilgebiet des Elektromagnetismus. Die von Hertz erzeugten elektromagnetischen Wellen waren aus heutiger Sicht Radiowellen, die eine viel größere Wellenlänge als Licht haben. Wie bei allen Wellen sind Wellenlänge und Frequenz über die Ausbreitungsgeschwindigkeit- hier also die Lichtgeschwindigkeit- miteinander verknüpft: Je kürzer die Wellenlänge, desto höher ist die Frequenz. Am Ende des Buches befindet sich eine Übersicht des gesamten Spektrums der elektromagnetischen Wellen über alle Wellenlängenbereiche. Das elektromagnetische Spektrum reicht von den langweiligen Radiowellen und Mikrowellen, die wir Menschen inzwischen ausgiebig technisch nutzen, über Infrarotstrahlung, sichtbares Licht und ultraviolette Strahlung bis hin zu der sehr kurzwelligen Röntgen- und Gammastrahlung.

Elektromagnetische Wellen verschiedener Wellenlängenbereiche zeigen auch ganz unterschiedliche Eigenschaften. So haben sich unsere Augen im Laufe der Evolution auf den Bereich 380 bis 780 Nanometer eingestellt, weil Strahlung dieser Wellenlängen an fast allen festen Stoffen reflektiert und gestreut wird, so dass wir die Körper unserer Umgebung auch sehen können. Dagegen gehen Radiowellen durch die meisten festen Stoffe wie Steinmauern und Holzwände hindurch - nur von Metallen werden sie abgeschirmt. Und mit der sehr durchdringenden Röntgenstrahlung kann man bekanntlich sogar unser Körpergewebe durchleuchten, solange es nicht zu viele schwere Elemente enthält wie etwa die Knochen.

Elektromagnetische Strahlung benachbarter Wellenlängenbereiche verhält sich aber oft recht ähnlich. Sowohl sichtbares Licht als auch die infrarote Wärmestrahlung werden auf einer weißen Oberfläche komplett zurückgestreut, von einem schwarzen Körper hingegen vollständig absorbiert. Die aufgenommene Strahlungsenergie behält der Körper zum Teil als Wärmeenergie, zum Teil gibt er sie wieder als Wärmestrahlung ab. Deshalb wird es uns in der prallen Sommersonne unter schwarzer Kleidung schnell heiß, während es unter weißer Kleidung angenehm kühl bleibt.

Es gibt aber auch Unterschiede zwischen Licht und Infrarotstrahlung. Manche Stoffe wie Glas, die für Licht durchlässig sind, reflektieren Wärmestrahlung. Die Folge ist der sog. Treibhauseffekt: Die bunte Erdoberfläche strahlt den absorbierten Teil des einfallenden (sichtbaren) Sonnenlichts als Wärmestrahlung wieder ab. In einem Gewächshaus wird diese Wärmestrahlung dann von den Glasscheiben einfach zurückgeworfen, sie bleibt im Gewächshaus gefangen und heizt es auf.

Auch die gesamte Erde ist ein riesiges Treibhaus: Die Rolle der Glasscheiben übernehmen hier Spurengase in der Erdatmosphäre wie Kohlendioxid, Wasserdampf und Methan, die zwar das Licht der Sonne durchlassen, die umgewandelte Wärmestrahlung der Erde aber nicht mehr entweichen lassen. Ohne den natürlichen Treibhauseffekt läge die mittlere Temperatur auf der Erde bei nur -18 °C, tatsächlich beträgt sie +15 °C. Nun ist diese globale Durchschnittstemperatur in den vergangenen hundert Jahren jedoch um etwa 0,7 °C angestiegen. Schuld daran sind wohl nicht natürliche Klimaschwankungen, sondern wir Menschen, weil wir seit Beginn der Industriellen Revolution im 19. Jahrhundert durch die Verbrennung fossiler Brennstoffe Unmengen des Treibhausgases Kohlendioxid in die Atmosphäre pumpen. Fossile Brennstoffe wie Kohle und Öl bestehen als organische Abbauprodukte früherer Erdzeitalter hauptsächlich aus Kohlenstoff, der beim Verbrennen mit dem Luftsauerstoff zu Kohlendioxid reagiert.

Elektromagnetische Strahlung aller Art spielt nicht nur eine wichtige Rolle in unserem Alltag, sie hatte auch eine Schlüsselrolle in der Geschichte der Physik. An der Wende vom 19. zum 20. Jahrhundert entdeckte man am Licht weitere Eigenschaften, die den Rahmen der klassischen Physik sprengten. In der Folge entstanden zwei neue Theorien, die das gesamte physikalische Weltbild revolutionierten: die Relativitätstheorie und die Quantenmechanik.

## Klassische Relativität: Eine Frage des Standpunkts

Den Begriff Relativität gibt es nicht erst seit Einsteins berühmter Relativitätstheorie, er hatte auch in der klassischen Physik seinen festen Platz und war bereits 300 Jahre vorher Galileo Galilei vertraut, dem Wegbereiter für Newtons bahnbrechende Arbeiten. Relativität heißt, dass Bewegung relativ ist: Ob und wie sich ein Körper bewegt, hängt ganz vom Bewegungszustand oder physikalisch gesprochen vom Bezugssystem des Beobachters ab. Mit anderen Worten: Es gibt keine absolute Ruhe.

Ein beliebtes Beispiel: Wir sitzen in einem Zug, der an einem Bahnhof steht, und schauen durchs Fenster auf den am Nebengleis haltenden Zug. Plötzlich registrieren wir eine Bewegung, wissen aber einen Augenblick lang nicht, ob der eigene Zug angefahren ist oder der am Nebengleis in entgegengesetzte Richtung. Erst durch einen Kontrollblick auf die Umgebung erkennen wir, dass es unser Zug ist, der sich in Bewegung gesetzt hat.

Physikalisch gesehen sind jedoch beide Sichtweisen völlig gleichberechtigt: Derselbe Vorgang wird nur in verschiedenen Bezugssystemen beschrieben. Im Bezugssystem der Erde sind der Bahnhof, der Zug am Nebengleis, ja die ganze Umgebung in Ruhe, und unser Zug bewegt sich durch sie hindurch. Im Bezugssystem unseres Zuges hingegen ist unser Waggon mit allen Fahrgästen einschließlich uns in Ruhe, und die gesamte Landschaft draußen fliegt an uns vorbei. Der zweite Standpunkt mag etwas ungewohnt klingen, weil wir normalerweise die Erde als ruhendes Bezugssystem auffassen. Aber diese Festlegung ist willkürlich, schließlich saust auch unsere Erde mit einer Geschwindigkeit von 30 Kilometern pro Sekunde um die Sonne.

Dass die Wahl des Bezugssystems beliebig ist, wird mitten im Weltraum richtig deutlich - fernab von einem Himmelskörper, der als fester Bezugspunkt dienen könnte. Wenn dort zwei Raumschiffe antriebslos aufeinander zu treiben, kann jeder der beiden Piloten mit Fug und Recht behaupten: Das andere Schiff ist in Ruhe, und ich bewege mich darauf zu. Oder: Mein Schiff ist in Ruhe, und das andere fliegt auf mich zu. Oder gar: Beide Schiffe nähern sich einander mit gleicher Geschwindigkeit. Das einzige objektiv Messbare und damit physikalisch Bedeutsame ist die Relativgeschwindigkeit der beiden Schiffe zueinander, von der im Falle einer Kollision auch die Stärke der Schäden abhängt.

Jetzt gehen wir einen Schritt weiter und betrachten die Bewegung eines Körpers in zwei verschiedenen Bezugssystemen. Der Körper hat in den beiden Bezugssystemen unterschiedliche Geschwindigkeiten, die man ineinander umrechnen kann, indem man die Relativgeschwindigkeit der zwei Systeme addiert oder abzieht. Zwei vertraute Beispiele aus dem Alltag: In einem Gebäude (System 1) bewegt sich ein Laufband (System 2) mit der Geschwindigkeit 1 m/s. Wenn wir (Körper) auf dem Band mit 1 m/s in die gleiche Richtung gehen, kommen wir bezogen auf das Gebäude mit 2 m/s voran. Gehen wir mit den 1 m/s hingegen in die entgegengesetzte Richtung, treten wir relativ zum Gebäude auf der Stelle. Das zweite Beispiel: Auf einer Landstraße (System 1) sind wir in unserem Auto (System 2) mit der Geschwindigkeit 100 km/h unterwegs. Wenn vor uns ein anderes Auto (Körper) mit 80 km/h in die gleiche Richtung fährt, nähert es sich uns mit 20 km/h. Kommt uns ein Auto mit gleichfalls 100 km/h entgegen, rast es mit 200 km/h an uns vorbei.

Bei diesen Beispielen bewegen sich die Bezugssysteme jeweils mit konstanter Geschwindigkeit gegeneinander. Solche Bezugssysteme nennt der Physiker Inertialsysteme. In einem Inertialsystem gilt der Trägheitssatz, d.h. ein kräftefreier Körper bleibt in Ruhe oder bewegt sich mit konstanter Geschwindigkeit geradlinig weiter. Zur Verdeutlichung betrachten wir einen geschlossenen Eisenbahnwaggon, in dem es keinen Blickkontakt zur Außenwelt gibt. Zudem soll der Waggon so gut gefedert sein, dass Erschütterungen während der Fahrt nicht wahrnehmbar sind. Wenn auf dem Boden des Waggons eine Kugel ruhig liegenbleibt oder mit gleichbleibender Geschwindigkeit geradeaus rollt, kann der Zug entweder stehen oder ebenfalls mit konstanter Geschwindigkeit auf gerader Strecke fahren. Für einen Beobachter im Waggon gibt es keine Möglichkeit festzustellen, ob sich der Zug bewegt oder nicht- genau das macht ein Inertialsystem aus.

Wenn der Zug jedoch anfährt oder bremst, beginnt sich eine auf dem Waggonboden liegende Kugel plötzlich zu bewegen und wird immer schneller. Für einen Beobachter draußen am Bahngleis - im Inertialsystem der Erde - ist der Vorgang klar: Die Kugel will aufgrund ihrer Trägheit die Bewegungsänderung des Zuges nicht mitmachen, sondern bleibt an Ort und Stelle bzw. bewegt sich mit unverminderter Geschwindigkeit weiter. Der von der Außenwelt abgeschnittene Beobachter im Waggon registriert hingegen eine Beschleunigung der Kugel und schreibt das dem Wirken einer geheimnisvollen Kraft zu. Solche Kräfte, die nur in beschleunigten Bezugssystemen auftreten, heißen Trägheitskräfte. An dem Wirken von Trägheitskräften erkennt man - anders als in Inertialsystemen -, dass man sich tatsächlich in einem beschleunigten sprich bewegten Bezugssystem befindet.

Diese Trägheitskräfte spüren wir am eigenen Leib, wenn wir in einem überfüllten Zug stehen müssen. Fährt der Zug an, zieht es uns nach hinten, weil unser träger Körper an Ort und Stelle bleiben will. Bremst der Zug, wirkt auf uns eine Kraft nach vorne, weil sich unser Körper mit der erreichten Geschwindigkeit weiterbewegen will. Und geht der Zug in eine Kurve, drückt es uns seitlich aus der Kurve hinaus, weil unser Körper geradeaus weiter will. Eine solche Kraft, die auf einen Körper in einer Kurve oder auf einer Kreisbahn wirkt, heißt Zentrifugalkraft.

Zentrifugalkräfte sind Trägheitskräfte, da eine Kreisbewegung eine fortwährend beschleunigte Bewegung ist, d.h. ein rotierendes Bezugssystem immer auch ein beschleunigtes Bezugssystem. Daher lässt es sich zweifelsfrei feststellen, ob man sich in einem rotierenden Bezugssystem befindet. So lässt sich die in der Antike und im Mittelalter vorherrschende Lehrmeinung, dass die Erde ruht und sich die Sonne und der ganze Fixsternhimmel um sie bewegt, auch mit der Relativität nicht rechtfertigen. Zum einen ist auf der Erde eine Zentrifugalkraft messbar, die am Äquator die Gewichtskraft um fast 0,4 % abschwächt - die Erde dreht sich also wirklich um ihre Achse. Zum anderen stellt das Sonnensystem ein rotierendes Bezugssystem dar, so dass man die ruhende Sonne als Inertialsystem auffassen muss, in dem die Planeten um sie kreisen.

Auch bei anderen Bewegungsformen gibt es Inertialsysteme, die eine Sonderstellung einnehmen, nämlich bei Wellen und Strömungen. Im Fall von Wellen ist das z.B. beim Doppler-Effekt erkennbar. Dieser Effekt ist dafür verantwortlich, dass beim Vorüberfahren eines Rettungswagens der Ton des Martinshorns plötzlich tiefer wird. Wenn sich bei einer Welle Sender und Empfänger aufeinander zu bewegen, kommt die Welle beim Empfänger mit einer höheren Frequenz an als der Frequenz, mit der sie ausgesandt wurde. Bewegen sich Sender und Empfänger voneinander weg, ist die empfangene Frequenz niedriger.

Nun hängt die exakte Größe des Effekts aber davon ab, ob der Sender ruht und der Empfänger sich bewegt oder umgekehrt, denn es handelt sich dabei physikalisch um zwei völlig verschiedene Situationen. Ruht der Sender, bilden die ausgesandten Wellenberge konzentrische Kreise oder Kugeln. Bewegt sich der Empfänger darauf zu, geht er den Wellenbergen entgegen und stößt entsprechend häufiger auf sie, d.h. die Frequenz ist höher. Wenn sich hingegen der Sender bewegt, ist das ganze Wellenbild verzerrt: Vor dem Sender folgen die Wellenberge dichter aufeinander, die Wellenlänge ist verkürzt. Steht dort ein Empfänger, kommen die Wellenberge wiederum mit einer höheren Frequenz bei ihm an.

Dass man hier zwischen Ruhe und Bewegung unterscheiden muss, widerspricht nicht etwa dem Relativitätsprinzip. Denn neben den beiden Inertialsystemen von Sender und Empfänger ist noch ein drittes Inertialsystem beteiligt, nämlich das des Mediums, in dem sich die Welle fortbewegt. Die Ausbreitungsgeschwindigkeit einer Welle bezieht sich immer auf das ruhende Medium - bei der Schallgeschwindigkeit also auf Windstille. Ansonsten muss man je nach Windrichtung die Windgeschwindigkeit zur Schallgeschwindigkeit addieren oder von ihr abziehen, wenn man wissen will, wie schnell sich der Schall relativ zum Erdboden ausbreitet.

Schön verstehen lässt sich das durch einen Vergleich mit Strömungen. Beispiel: Ein guter Schwimmer („Welle") bewegt sich im Wasser („Medium") mit der Geschwindigkeit 2 m/s fort. Um daher ein 30 m langes Schwimmbecken auf und ab zu schwimmen, benötigt er 30 s. Anders, wenn er die 30 m in einem Fluss mit der Strömungsgeschwindigkeit 1 m/s auf und ab schwimmt. Flussabwärts bewegt er sich dann bezogen aufs Ufer mit 3 m/s und schafft die 30 m in 10 s. Flussaufwärts hingegen kommt er relativ zum Ufer nur noch mit 1 m/s vorwärts und braucht für die 30 m ganze 30 s. Insgesamt ist er also 40 s unterwegs, 10 s mehr als im Schwimmbecken. Das gleiche gilt für Wellen, die eine bestimmte Strecke hin- und herlaufen: Das Inertialsystem, in dem das Medium ruht, zeichnet sich dadurch aus, dass die Laufzeit der Welle am kürzesten ist.

## Spezielle Relativität: Raum und Zeit verschmelzen

Gegen Ende des 19. Jahrhunderts glaubten die Physiker, dass elektromagnetische Wellen wie alle Wellen als Träger ein Medium benötigen und nannten diesen hypothetischen Stoff Äther. Der Äther muss sehr „dünn" sein, da er im Weltraum die Bewegung der Himmelskörper nicht bremst und auch sonst nicht zu bemerken ist. Allerdings sollte er sich mit Hilfe der Relativität nachweisen lassen: Wenn sich eine Lichtquelle durch den Äther bewegt, muss sich die Lichtgeschwindigkeit um die Geschwindigkeit der Lichtquelle bzw. des Ätherwindes ändern. Um den Effekt zu messen, ersannen die Physiker aufwendige und raffinierte Experimente, aber für die Lichtgeschwindigkeit kam immer - unabhängig von der Bewegung der Lichtquelle - der gleiche Wert heraus.

Auch der Doppler-Effekt hängt bei elektromagnetischen Wellen anders als bei mechanischen Wellen nicht vom Bewegungszustand von Sender und Empfänger ab. Bewegen sich Sender und Empfänger aufeinander zu, wird die Strahlung hochfrequenter und kurzwelliger, bewegen sie sich voneinander weg, wird die Strahlung niederfrequenter und langwelliger. Daher ist das Licht eines Sterns, der sich der Erde nähert, zum blauen Ende des Spektrums hin verschoben, während das Licht eines sich von uns entfernenden Sterns eine Rotverschiebung aufweist. Die Größe des Effekts hängt jedoch im Gegensatz zu Schallwellen ausschließlich von der Relativgeschwindigkeit zwischen Erde und Stern ab, was bei Vorhandensein eines Äthers nicht sein dürfte.

An dieser Stelle betrat Albert Einstein die Bühne. Er zog aus den fehlgeschlagenen Experimenten die seiner Ansicht nach für einen Physiker einzig mögliche Schlussfolgerung: Was man nicht nachweisen kann, existiert auch nicht - es gibt also keinen Äther. Dass sich elektromagnetische Wellen auch im Vakuum durch verkettete elektrische und magnetische Wechselfelder ausbreiten können, hatte ja bereits Maxwell gezeigt. So trug Einsteins Artikel in den „Annalen der Physik", mit dem er im Jahr 1905 die Spezielle Relativitätstheorie begründete, denn auch den Titel „Zur Elektrodynamik bewegter Körper". Der Zusatz „Speziell" bedeutet, dass diese Theorie nur die Verhältnisse in Inertialsystemen beschreibt.

Da sich die Ausbreitung elektromagnetischer Wellen auf keinen Äther bezieht, stellte Einstein das Postulat auf, dass die Lichtgeschwindigkeit in allen Inertialsystemen gleich groß ist. Damit erhält die Lichtgeschwindigkeit $c = 300.000$ km/s den Status einer fundamentalen Naturkonstante.

Die enorme Tragweite dieses Postulats wird bereits bei folgendem Gedankenexperiment deutlich: In einem mit konstanter Geschwindigkeit fahrenden Waggon werden von der Mitte aus gleichzeitig zwei Lichtstrahlen nach vorne und nach hinten ausgesandt. Für einen mitfahrenden Beobachter, in dessen Bezugssystem der Waggon ruht, erreichen die beiden Lichtstrahlen auch gleichzeitig den Anfang und das Ende des Waggons. Anders für einen draußen am Bahngleis stehenden Beobachter, in dessen Bezugssystem sich der Waggon bewegt: Hier kommt das Wagenende dem nach hinten laufenden Lichtstrahl entgegen, während der Wagenanfang dem nach vorne laufenden Strahl davonfährt. Deshalb trifft zuerst der eine Lichtstrahl am Wagenende ein, bevor der andere den Wagenanfang erreicht. Dieses verblüffende Ergebnis folgt aus der Konstanz der Lichtgeschwindigkeit. Zum Vergleich: In der klassischen Relativität würde sich für den außenstehenden Beobachter die Lichtgeschwindigkeit um die Geschwindigkeit des Zuges vergrößern bzw. verkleinern, so dass die beiden Strahlen wiederum gleichzeitig am Wagenanfang und -ende einträfen.

In der klassischen Physik seit Newton und auch in unserem Alltagsverständnis ist die Zeit eine absolute Größe, sie scheint immer und überall gleichermaßen zu vergehen. Aber das stimmt nicht: In gegeneinander bewegten Inertialsystemen ticken die Uhren offenbar verschieden. Das Ergebnis des Gedankenexperiments, die sog. Relativität der Gleichzeitigkeit, gilt sogar ganz allgemein: Zwei Ereignisse, die in einem Inertialsystem gleichzeitig stattfinden, finden für einen Beobachter in einem anderen Inertialsystem zu verschiedenen Zeitpunkten statt.

Ein Ereignis wie das Eintreffen eines Lichtstrahls an einem Wagenende geschieht zu einer bestimmten Zeit an einem bestimmten Ort, ist also mit drei Ortskoordinaten und einer Zeitangabe verknüpft. Bereits klassisch gesehen hängt der Ort vom Bezugssystem ab: Für einen im Waggon mitfahrenden Beobachter ist das Wagenende in Ruhe, d.h. der Ort bleibt immer gleich. Für einen außenstehenden Beobachter hingegen ändert sich dieser Ort fortwährend, weil sich das Wagenende mit dem Zug fortbewegt. Relativistisch gesehen findet das Ereignis für die beiden Beobachter nun auch noch zu verschiedenen Zeitpunkten statt. Beim Übergang von einem Inertialsystem zu einem anderen ändern sich sowohl der Ort als auch die Zeit: Die Zeit tritt gleichsam als vierte Koordinate gleichberechtigt neben die drei Ortskoordinaten. Wir leben daher genau genommen nicht in einem dreidimensionalen Raum, sondern in einer vierdimensionalen Raumzeit.

Damit treibt die Relativitätstheorie den Determinismus auf die Spitze. Da Raum und Zeit so eng miteinander verwoben sind, müssen alle auch künftigen Ereignisse festgelegt sein. Denn was für uns zu einem bestimmten Zeitpunkt geschieht, kann für einen Beobachter in einem anderen Inertialsystem bereits geschehen sein. Das ist nur möglich, wenn alle Ereignisse der Raumzeit sprich unserer Welt streng logisch auseinander folgen. Dann wäre unser freier Wille reine Illusion, weil bereits in diesem Augenblick feststeht, was wir in einer Stunde tun oder morgen passiert.

Die Gleichberechtigung von Raum und Zeit zeigt sich auch bei zwei weiteren ungewöhnlichen Phänomenen: Zeitdilatation und Längenkontraktion. Wie alle relativistischen Effekte, die unseren gesunden Menschenverstand arg strapazieren, machen sie sich erst bei sehr hohen Geschwindigkeiten bemerkbar, wenn sich zwei Bezugssysteme mit mindestens einem Zehntel der Lichtgeschwindigkeit gegeneinander bewegen. Zeitdilatation bedeutet, dass bewegte Uhren langsamer gehen. Wenn eine Rakete an einer Raumstation vorüberfliegt und der Pilot seine Uhr an zwei verschiedenen Stellen mit zwei Stationsuhren vergleicht, misst er eine kürzere Zeitspanne, d.h. für ihn ist weniger Zeit vergangen als auf der Raumstation. Wichtig dabei ist, dass die eine Uhr des Piloten mit zwei Uhren der Station verglichen wird, das sich also die Rakete tatsächlich zwischen den beiden Orten bewegt.

In diesem Zusammenhang wird oft das sog. Zwillingsparadoxon genannt- ein Paradoxon ist ein Widerspruch, in der Physik aber nur ein scheinbarer. Von zwei Zwillingsbrüdern unternimmt einer eine Weltraumreise, der andere bleibt daheim auf der Erde. Wenn das Raumschiff des reisenden Bruders mit 0,6 c (0,6-facher Lichtgeschwindigkeit) fliegt und er 10 Erdenjahre unterwegs ist, sind für ihn erst 8 Jahre vergangen. Aber: In seinem Bezugssystem ist umgekehrt das Raumschiff in Ruhe, und die Erde bewegt sich mit 0,6 c - zuerst von ihm weg und dann wieder auf ihn zu. Daher müsste aus seiner Sicht auf der Erde weniger Zeit vergangen sein. Was ist nun richtig?

Das Problem ist hier, dass bei Abflug und Ankunft in beiden Bezugssystemen (Erde und Raumschiff) jeweils die gleiche Uhr betrachtet wird. Dazu muss das Raumschiff unterwegs umkehren. Während dieses Beschleunigungsvorgangs befindet sich der reisende Bruder jedoch in keinem Inertialsystem, was er auch an den dabei auftretenden Trägheitskräften zweifelsfrei spürt. Dagegen stellt die Erde die ganze Zeit ein Inertialsystem dar. Deshalb ist der Bruder im Raumschiff nach der Rückkehr tatsächlich - d.h. auch biologisch - 2 Jahre jünger als der auf der Erde gebliebene Bruder. Die Zeitverzögerung geschieht beim Umkehrmanöver, doch mit beschleunigten Bezugssystemen beschäftigt sich erst die Allgemeine Relativitätstheorie.

Der Zeitdilatation entspricht in räumlicher Hinsicht die Längenkontraktion: Genauso wie bewegte Uhren eine kürzere Zeitspanne anzeigen, erscheint die Länge bewegter Maßstäbe verkürzt. Wenn eine 10 m lange Raumfähre mit 0,6 c an einer Raumstation vorbeifliegt, ist sie für einen Beobachter auf der Station nur 8 m lang. Dabei schrumpft die Fähre nicht wirklich: Für den Piloten im Ruhesystem der Raumfähre ist sie nach wie vor 10 m lang, und auch wenn die Fähre auf der Station landet, hat sie wieder ihre volle Länge. Die Längenkontraktion lässt sich daher durchaus mit der aus dem Alltag vertrauten Perspektive vergleichen, aufgrund der Gegenstände umso kleiner erscheinen, je weiter sie entfernt sind.

Soweit die Theorie, aber lassen sich all diese spektakulären Effekte auch nachweisen, zumal derart schnelle Raumfahrzeuge immer noch Utopie sind? Eine direkte Bestätigung der Vorhersagen aus der Speziellen Relativitätstheorie lieferte das Myonen-Experiment im Jahr 1941. Myonen sind exotische und sehr kurzlebige Teilchen, die am oberen Rand der Erdatmosphäre durch die Einwirkung energiereicher Strahlung aus dem Weltraum entstehen. Von einer bestimmten Anzahl Myonen ist bereits nach 1,5 μs (Mikrosekunden), also 1,5 Millionstel Sekunden, die Hälfte zerfallen. Obwohl die Myonen beinahe mit Lichtgeschwindigkeit auf die Erde zu rasen, sollten daher auf der Erdoberfläche nur noch wenige ankommen. Tatsächlich misst man aber am Erdboden fast die gleiche Anzahl wie in der Höhe. Der Grund ist die Zeitdilatation: Die Myonen stellen bewegte Uhren dar. Deshalb beträgt für sie die Flugdauer durch die Atmosphäre nur einen Bruchteil der Zeitspanne, die wir im Bezugssystem der Erde dafür messen, und liegt deutlich unter 1,5 μs. Im Ruhesystem der Myonen hingegen lässt sich der Befund mit der Längenkontraktion erklären: Für die Myonen saust die Erde fast mit Lichtgeschwindigkeit auf sie zu. Daher sehen sie die Flugstrecke extrem verkürzt und schaffen sie gleichfalls in weniger als 1,5 μs.

Die mathematischen Formeln für die Zeitdilatation und die Längenkontraktion lassen keine Geschwindigkeiten zu, die größer als die Lichtgeschwindigkeit sind. Bei Lichtgeschwindigkeit werden alle Zeitspannen und Längen null. Für einen Lichtstrahl steht daher die Zeit praktisch still, aus seiner Sicht wird er im gleichen Augenblick absorbiert, in dem er ausgesandt wurde, selbst wenn er viele Lichtjahre von einem entfernten Stern bis in unsere Augen unterwegs war, denn für ihn gibt es diese Strecke gar nicht. Auch bei der relativistischen Addition von Geschwindigkeiten kommen niemals Werte größer als die Lichtgeschwindigkeit heraus. Wenn zwei Raumschiffe, die von der Erde aus gesehen beide die Geschwindigkeit 0,8 c haben, aufeinander zu fliegen, begegnen sie sich aus Sicht der Piloten nicht etwa mit 1,6 c, sondern mit 0,9756 c.

Nichts ist schneller als das Licht oder allgemein elektromagnetische Wellen. Materielle Körper sprich Massen können sogar niemals ganz auf Lichtgeschwindigkeit gebracht werden. Das hatten die Physiker bereits Anfang des 20. Jahrhunderts bemerkt, als sie Elektronen (aus Kathodenstrahlen) in einer Vakuumröhre durch eine angelegte Spannung beschleunigten. Je höher dabei die Spannung, desto größer ist normalerweise die Geschwindigkeit der Elektronen nach Durchlaufen des Potentialunterschieds. Ab etwa einem Zehntel der Lichtgeschwindigkeit aber nimmt die Geschwindigkeit der Elektronen bei einer immer weiteren Erhöhung der Spannung nur noch langsam zu und nähert sich allmählich der Lichtgeschwindigkeit an, ohne sie jedoch jemals zu erreichen.

Wenn die Elektronen trotz ständig wachsender elektrischer Kraft immer weniger beschleunigt werden, lässt sich das physikalisch nur so erklären, dass dann die Trägheit sprich die Masse der Elektronen zunimmt. Dabei wird jedoch - wie bei der Längenkontraktion - die Masse nicht wirklich größer, denn sobald die Elektronen wieder bis zum Stillstand abgebremst sind, haben sie auch wieder ihre gewöhnliche Ruhemasse von $9{,}1 \cdot 10^{-31}$ kg. Wenn sie sich aber sehr schnell bewegen, misst ein Beobachter im Bezugssystem des Labors eine größere Elektronenmasse.

Ab einem Zehntel der Lichtgeschwindigkeit fließt die elektrische Arbeit, die beim Durchlaufen der Spannung an den Elektronen verrichtet wird, nicht mehr in erster Linie in kinetische Energie sprich in einen Geschwindigkeitszuwachs, sondern offenbar in eine Massenzunahme. Das bedeutet: Masse ist eine Energieform. Diese sog. Äquivalenz (Gleichwertigkeit) von Masse m und Energie E drückte Einstein durch seine wohl bekannteste Formel aus:

$$E = m \cdot c^2$$

Da die Lichtgeschwindigkeit c eine Naturkonstante ist, sind Energie und Masse bis auf einen festen Zahlenfaktor tatsächlich das gleiche. Diese Formel gilt auch für ruhende Massen, so dass jeder Körper aufgrund seiner Masse eine sog. Ruheenergie besitzt. Und das ist enorm viel Energie, weil die Lichtgeschwindigkeit und erst recht ihr Quadrat sehr groß sind. So hat 1 kg Materie eine Ruheenergie von rund $10^{17}$ J - das entspricht der Sonnenenergie, die pro Sekunde auf die ganze Erde trifft. Könnte man daher Masse direkt in Energie überführen, ließen sich bereits aus kleinen Mengen Materie gewaltige Energiemengen gewinnen. Solche Umwandlungen wurden später im Rahmen der Kernphysik auch entdeckt, was endgültig die Richtigkeit der Speziellen Relativitätstheorie bewies.

## Allgemeine Relativität: Gravitation ist Geometrie

Während die Spezielle Relativitätstheorie (die Physik der Inertialsysteme) auf dem Prinzip von der Konstanz der Lichtgeschwindigkeit aufbaut, ist der Ausgangspunkt der

Allgemeinen Relativitätstheorie (der Physik beschleunigter Bezugssysteme) das sog. Äquivalenzprinzip. Die zündende Idee hatte Einstein, als er - wie einst Newton - über einen Apfel nachdachte, der vom Baum fällt. Dabei wurde ihm plötzlich klar: Der fallende Apfel ist völlig kräftefrei. Zwar wird er durch die Gravitationskraft der Erde nach unten beschleunigt, aber dabei erfährt er eine gleich große Trägheitskraft nach oben, so dass die Gesamtkraft auf ihn null ist. Auch wenn wir selbst z.B. auf einem Trampolin springen, ist die Gewichtskraft unseres Körpers aufgehoben, solange wir in der Luft sind. Ebenso lässt sich die Bewegung einer um die Erde kreisenden Raumstation als fortwährender freier Fall auffassen, - nur ist ihre Geschwindigkeit so groß, dass sie nicht abstürzt. Die Astronauten in der Raumstation sind „schwerelos", weil die auf sie wirkende Gravitationskraft der Erde durch die Zentrifugalkraft genau ausgeglichen wird.

Das alles ist aber nur möglich, wenn Schwere und Trägheit eines Körpers exakt gleich groß sind. Zwar hatten die Physiker bis dahin die Identität von „träger Masse" und „schwerer Masse" eines Körpers schon mit hoher Genauigkeit experimentell bestätigt, Einstein erhob aber die Äquivalenz von Trägheit und Schwere zu einem Grundprinzip der Natur und dachte sie konsequent weiter. Aufgrund des Äquivalenzprinzips ist es unmöglich, zwischen einem beschleunigten Bezugssystem und einem Gravitationsfeld zu unterscheiden. Wenn ein Beobachter in einer abgeschlossenen Kabine durch eine Kraft am Boden gehalten wird, kann die Kabine entweder auf der Erde stehen oder mitten im Weltraum nach oben beschleunigt werden - es gibt für den

Beobachter keine Möglichkeit festzustellen, ob eine Schwerkraft oder eine Trägheitskraft auf ihn wirkt.

Das Äquivalenzprinzip erlaubt es, Erkenntnisse aus beschleunigten Bezugssystemen direkt auf Gravitationsfelder zu übertragen - damit wird die Allgemeine Relativitätstheorie zu einer Theorie der Gravitation. Als Beispiel betrachten wir eine beschleunigte Rakete mitten im Weltraum, in der vom hinteren Ende ein Lichtstrahl nach vorne ausgesandt wird. Da die Spitze der Rakete der Lichtwelle immer schneller davonfliegt, erreichen die Wellenberge sie stets mit einer Verzögerung: Ein dort aufgestellter Empfänger registriert daher eine niedrigere Frequenz und eine größere Wellenlänge, die zum roten Ende des Lichtspektrums hin verschoben ist. Der Effekt sollte auch in einer aufrecht auf der Erde stehenden Rakete auftreten, in der ein Lichtstrahl unten vom Boden nach oben zur Spitze läuft. Diese Gravitationsrotverschiebung wurde inzwischen mit empfindlichen Messmethoden tatsächlich nachgewiesen, obwohl sich die Frequenz einer Lichtwelle, die von der Erdoberfläche aus das Gravitationsfeld der Erde vollständig verlässt, nur um knapp ein Milliardstel ändert.

Bedeutsamer ist die zeitliche Verzögerung: In der beschleunigten Rakete im Weltraum muss der Lichtstrahl eine Strecke zurücklegen, die größer ist als die Länge der Rakete, weil deren Spitze sich von ihm fortbewegt, und entsprechend länger ist der Lichtstrahl unterwegs. Die gleiche Zeit muss man aber auch in der auf der Erde ruhenden Rakete messen, obwohl der Lichtstrahl hier nur genau die Raketenlänge zurücklegt. Für einen außenstehenden Beobachter im

Weltraum sieht das so aus, dass der Vorgang im Gravitationsfeld der Erde langsamer abläuft, als wenn die Rakete im Weltraum ruhen würde. Das gilt ganz allgemein: Uhren in Gravitationsfeldern gehen langsamer (und damit auch in beschleunigten Bezugssystemen wie beim Zwillingsparadoxon).

Der Effekt ist wiederum sehr klein: In 50 Jahren vergeht auf der Erdoberfläche gerade mal eine Sekunde weniger Zeit als draußen im Weltraum. Dennoch ist der Effekt messbar und muss z.B. bei der exakten Ortsbestimmung mittels GPS berücksichtigt werden. Beim GPS (Global Positioning System), das etwa Handys und die Lkw-Maut nutzen, sendet ein Gerät Funksignale an drei Satelliten in geostationären Umlaufbahnen. Aus den Laufzeiten lässt sich über die Lichtgeschwindigkeit die Entfernungen des Geräts von den Satelliten berechnen und daraus der genaue Ort des Senders. Ohne die relativistische Korrektur kämen um einige Meter falsche Ergebnisse heraus.

Wenn ein Satellit um die Erde kreist, treten eigentlich zwei gegenläufige relativistische Effekte auf. Zum einen stellt der Satellit eine bewegte Uhr dar, und deshalb muss für ihn aufgrund der Speziellen Relativitätstheorie die Zeit langsamer vergehen. Zum anderen befindet er sich auf einem höheren Gravitationspotential, und deshalb muss für ihn aufgrund der Allgemeinen Relativitätstheorie die Zeit schneller vergehen. Auf einer erdnahen Umlaufbahn ist der Satellit so schnell und der Potentialunterschied so klein, dass die Satellitenuhr langsamer geht. Auf einer geostationären Bahn in 36.000 km Höhe hingegen bewegt sich der

Satellit viel langsamer und ist schon so weit von der Erde entfernt, dass seine Uhr schneller geht.

Jetzt machen wir in unseren beiden Raketen noch ein weiteres Experiment: In der beschleunigten Rakete im Weltraum wird ein Lichtstrahl von einer Seitenwand quer zur Flugrichtung ausgesandt. Da sich die gegenüberliegende Seitenwand beschleunigt nach vorne bewegt, trifft der Lichtstrahl nicht genau gegenüber auf, sondern ein Stück weiter hinten. Der Lichtstrahl läuft daher nicht gerade, sondern beschreibt einen Bogen. Genauso muss in der auf der Erde stehenden Rakete ein horizontal ausgesandter Lichtstrahl nach unten abgelenkt werden. Das gilt wiederum ganz allgemein: Ein Lichtstrahl wird in einem Gravitationsfeld gekrümmt - und zwar in Richtung auf den Himmelskörper (hier die Erde), d.h. zur felderzeugenden Masse hin.

Demnach müsste auch das Licht eines Sterns, der von der Erde aus gesehen dicht neben der Sonne steht, beim Vorbeigehen an der Sonne in deren Gravitationsfeld abgelenkt werden, so dass wir den Stern etwas versetzt sehen. Der Effekt lässt sich nur überprüfen, wenn die helle Sonnenscheibe während einer Sonnenfinsternis vom Mond verdunkelt wird. Bei der Sonnenfinsternis im Jahr 1919 wurde die vorausgesagte Lichtablenkung tatsächlich gemessen, was die Allgemeine Relativitätstheorie bestätigte und Einsteins Weltruhm begründete. Wenn Licht an allen Seiten eines Himmelskörpers vorbeikommt, wirkt die Masse als Gravitationslinse, weil die Lichtstrahlen wie bei einer optischen Linse derart abgelenkt werden, dass sie dahinter zusammenlaufen.

Aus dem Alltag sind wir gewohnt, dass sich Licht geradlinig ausbreitet. Doch gibt es im Alltag auch Fälle, in denen gerade Linien gekrümmt erscheinen können. So verlaufen die Längengrade (die Linien gleicher geographischer Länge) auf der dreidimensionalen Erdkugel schnurgerade in Nord- Süd-Richtung - vom Nordpol bis zum Südpol. Auf einer zweidimensionalen Landkarte hingegen sind die Längengrade gekrümmte Linien. Der Grund: Eine Kugel-oberfläche ist eine gekrümmte Fläche. Daher ergibt eine gerade Linie auf einer Kugeloberfläche in der zweidimensionalen Projektion auf ebenes Papier in der Regel eine gekrümmte Linie.

Analog lautet die zentrale Aussage der Allgemeinen Relativitätstheorie: Die Bahnen von Lichtstrahlen und auch aller anderen Körper in Gravitationsfeldern sind in Wirklichkeit geradlinig. Aber Massen wie Himmelskörper krümmen in ihrer Umgebung die Raumzeit, so dass wir die Bahnen gekrümmt sehen. Dabei werden räumliche Abstände vergrößert, Zeitintervalle hingegen verkürzt. Gravitationskräfte sind wie Trägheitskräfte letztendlich nur Scheinkräfte, weil sie ein außenstehender Beobachter durch die Raumkrümmung bzw. eine Beschleunigung erklären kann.

Eine gekrümmte zweidimensionale Fläche wie eine Kugeloberfläche können wir uns leicht vorstellen, da die Krümmung in der dritten Dimension erfolgt. Aber wie sieht ein gekrümmter dreidimensionaler Raum aus? Denken wir uns dazu den Raum mit lauter gleich großen Würfeln ausgefüllt, deren Kantenlänge die Längeneinheit Meter festlegt. Dann werden die Würfel in der Nähe einer großen

Masse auseinandergezogen: Im Gravitationsfeld ist die Kantenlänge, d.h. 1 Meter etwas größer als außerhalb des Feldes. Noch anschaulicher ist das folgende oft gezeigte Modell: Wir betrachten lediglich einen ebenen Schnitt durch den Weltraum und stellen uns diese Ebene als eine gespannte Gummimembran vor. Wenn wir stellvertretend für einen Himmelskörper eine Kugel darauf legen, beult sich die Membran rund um die Kugel nach unten aus - der ebene Raum wird hier gekrümmt. Bewegt sich nun ein Lichtstrahl geradlinig über die Ebene und durchläuft dabei den Außenbereich der Mulde, ändert er automatisch seine Richtung - wie ein Golfball, der ein Loch bloß am Rand streift. Dieses Modell erklärt nicht nur die Lichtablenkung, sondern auch die Kreisbewegung der Planeten, Monde und Satelliten. Denn in der Mulde kann eine zweite kleinere Kugel kreisen, sofern nur ihre Geschwindigkeit groß genug ist - wie eine Roulettekugel in einem Teller. Ist die Geschwindigkeit jedoch zu gering, rollt die kleine Kugel in die Mulde und prallt auf die große, d.h. der Körper fällt auf den Himmelskörper.

Die Allgemeine Relativitätstheorie sagt auch voraus, dass sich die Verzerrungen der Raumzeit wellenartig ausbreiten können. Diese Gravitationswellen bewegen sich mit Lichtgeschwindigkeit fort und erschüttern die Raumzeit wie Erdbebenwellen. So wie beschleunigte elektrische Ladungen elektromagnetische Wellen abstrahlen, senden beschleunigte Massen Gravitationswellen aus. Nun wimmelt es im Weltall von Himmelskörpern, die sich umkreisen sprich ständig beschleunigt werden. Aber Abschätzungen zeigen, dass die Raumzeit doch ein derart starres Gebilde ist, dass etwa die von den Planetenbewegungen hervorgerufenen Gravitationswellen jenseits jeder Nachweisgrenze liegen.

Interessantere Kandidaten sind Doppelsterne, d.h. zwei sich umkreisende Sterne - rund die Hälfte aller Sterne gehört solchen Doppelsternsystemen an. Tatsächlich wurden im Jahr 1978 bei einem engen und schnell rotierenden Doppelstern Gravitationswellen zumindest indirekt nachgewiesen. Dieser Doppelstern verliert ständig Energie, so dass sich die beiden Sterne immer enger und schneller umkreisen. Der Energieverlust entspricht genau der theoretisch zu erwartenden Strahlungsenergie der Gravitationswellen. Ein direkter Nachweis wäre erst möglich, wenn die beiden Sterne ineinander stürzen, aber selbst dann sind die von der Gravitationswelle verursachten Auslenkungen kleiner als ein Atomdurchmesser. Inzwischen gibt es auf der Erde einige kilometerlange Anlagen („Geo" bei Hannover, „Liga" in den USA), die solche minimalen Längenänderungen registrieren können und auf entsprechende kosmische Großereignisse lauern. Für die nächsten Jahre geplant ist auch ein satellitengestütztes System im Weltraum („Lisa").

Weit größere Auswirkungen auf die Raumzeit haben obskure Objekte, die sich Schwarze Löcher nennen. Wenn ein Körper von der Oberfläche eines Himmelskörpers aus dessen Gravitationsfeld vollständig verlassen soll, muss er auf die sog. Fluchtgeschwindigkeit gebracht werden - für die Erde beträgt sie 11,2 km/s oder rund 40.000 km/h. Die Größe der Fluchtgeschwindigkeit hängt von der Masse und dem Radius des Himmelskörpers ab. Ist eine große Masse auf einen sehr kleinen Radius konzentriert, wird die Fluchtgeschwindigkeit sogar größer als die Lichtgeschwindigkeit. Dann kann dem Himmelskörper nichts mehr entkommen - weder Materie noch Licht. Deshalb kann man den Himmelskörper auch nicht mehr sehen: Er erscheint als Schwarzes Loch im Weltraum. Damit unsere Sonne zum Schwarzen Loch wird, müsste ihr Durchmesser von 1,4 Millionen Kilometer auf 6000 km schrumpfen, d.h. ihre Masse müsste in eine Kugel gepresst sein, die halb so groß ist wie die Erde.

Schwarze Löcher sind gefräßige Schwerkraftmonster: Sie verschlingen alles, was ihnen zu nahe kommt, auf Nimmerwiedersehen - ob Materie oder Licht. Allerdings stellen Schwarze Löcher nicht etwa Tore in Paralleluniversen dar, sondern sind nach wie vor Bestandteil unseres Universums. Denn die verschluckte und gefangene Materie macht sich weiterhin durch ihre Gravitationswirkung auf die Umgebung bemerkbar. Schwarze Löcher sind keineswegs nur hypothetische Gebilde der Allgemeinen Relativitätstheorie, sie kommen im Weltraum wahrscheinlich massenhaft vor. So sind die Physiker aufgrund der neuesten Messdaten aus den letzten Jahren davon überzeugt, dass im Zentrum unserer Milchstraße wie auch aller anderen Galaxien ein gewaltiges Schwarzes Loch sitzt, das Millionen von Sonnenmassen besitzt. Um dieses Schwerkraftzentrum kreisen die Sterne der Galaxie in Spiralarmen - unsere Sonne in einem Abstand von 30.000 Lichtjahren mit 200 km/s.

Schwarze Löcher zerreißen förmlich die Raumzeit: In unserem Modell würde die Kugel die Gummimembran unter sich so weit nach unten dehnen, dass ein unendlich tiefes

Loch entsteht. Deshalb werden auch alle relativistischen Effekte extrem. Wenn sich ein Raumschiff einem Schwarzen Loch nähert und dabei Lichtsignale zu uns sendet, läuft die Gravitationsrotverschiebung aus dem Ruder: Wir empfangen immer langwelligeres Licht, bis die Wellenlänge unendlich groß wird. Entsprechend vergeht die Zeit im Raumschiff immer langsamer, bis sie am Rand des Schwarzen Lochs stillsteht. Umgekehrt sieht der zurückblickende Pilot des Raumschiffs in dem Augenblick, in dem er ins Schwarze Loch eintaucht, die gesamte Zukunft des Weltalls vor sich ablaufen.

Doch dazu kann es in Wirklichkeit nie kommen, weil der Pilot und sein Raumschiff von den gewaltigen Gravitationskräften bis in einzelne Atome zermahlen werden, bevor sie das Schwarze Loch für immer verschlingt. Für immer stimmt auch nicht ganz: Laut Einstein ist Masse gleich Energie, und im Jahr 1974 konnte Stephen Hawking theoretisch zeigen, dass ein Schwarzes Loch seine Masse und Energie allmählich durch Abstrahlung verliert - so wie ein normaler schwarzer Körper die absorbierte Lichtenergie wieder als Wärmestrahlung abgibt. Allerdings dauert es Milliarden von Jahren, bis ein Schwarzes Loch von einer Sonnenmasse vollständig verdampft ist.

In Science-Fiction-Filmen beliebt ist noch eine andere Art von Löchern, die im Rahmen der Relativitätstheorie möglich sind, nämlich Wurmlöcher. Dabei handelt es sich um ein kugelförmiges Gebiet, das an zwei verschiedenen Stellen der Raumzeit zugleich existiert. Geht ein Körper durch die Kugel hindurch, kommt er an einem ganz anderen Ort und zu einer ganz anderen Zeit heraus. Damit ließen sich theoretisch Zeitreisen ebenso unternehmen wie große Entfernungen überwinden. Zur Überwindung der Lichtgeschwindigkeitsgrenze kennen Science-Fiction-Fans auch ein anderes Prinzip, den sog. Warp-Antrieb. Hier erzeugt ein Raumschiff um sich herum eine Raumzeitblase, die mit Überlichtgeschwindigkeit durch die umgebende Raumzeit saust. Zwar kann sich kein Körper schneller als das Licht durch die Raumzeit bewegen, aber die Relativitätstheorie erlaubt es, dass sich die Raumzeit selbst mit mehr als Lichtgeschwindigkeit ausbreitet. Doch werden beide Ansätze für schnelles Reisen durch den Weltraum Fiktion bleiben. Denn um ein Wurmloch oder eine Warp-Blase zu bilden, in die auch nur eine kleine Sonde passt, wäre so viel Energie nötig, wie im ganzen Weltraum vorhanden ist.

## Dualismus: Welle oder Teilchen?

Neben der Relativitätstheorie stellte zu Beginn des 20. Jahrhunderts auch die Quantenphysik das physikalische Weltbild auf den Kopf. Das Tor zur Quantenphysik stieß Max Planck im Jahr 1900 auf, als er die Wärmestrahlung analysierte. Um Wärmestrahlung in Reinnatur studieren zu können, benötigt man einen völlig schwarzen Körper. Denn da ein schwarzer Körper alle auftreffende Strahlung absorbiert und nichts reflektiert, ist die von ihm ausgehende Strahlung pure Wärmestrahlung - der Physiker spricht daher auch von schwarzer Strahlung.

Gegen Ende des 19. Jahrhunderts vermaßen die Physiker an schwarzen Körpern das Spektrum der Wärmestrahlung, d.h. welche Wellenlängen bzw. Frequenzen wie stark abgestrahlt werden. Dabei stellten sie zweierlei fest: Zum einen nimmt die gesamte Strahlungsenergie mit der Temperatur des Körpers stark zu. Und zum anderen: Je höher die Temperatur, desto höhere Frequenzen bzw. kürzere Wellenlängen enthält das Spektrum. Gewöhnlich liegen alle Wellenlängen im Bereich der Infrarotstrahlung, wie etwa bei einem Heizkörper. Erhitzt man einen Körper jedoch immer weiter, wandern die Wellenlängen in den Bereich des Lichts - die „schwarze" Strahlung wird sichtbar. Zuerst erreicht das Spektrum das langwellige rote Licht: Der Körper wird rotglühend. Wenn die Wärmestrahlung bei noch höherer Temperatur das gesamte Spektrum des sichtbaren Lichts umfasst, steht der Körper in Weißglut.

Den Physikern des ausgehenden 19. Jahrhunderts gelang es mit Mitteln der klassischen Physik nicht, das Spektrum der Wärmestrahlung theoretisch zu begründen. Da machte Planck eine völlig revolutionäre Annahme: Wenn die Atome eines Körpers aufgrund der Wärmebewegung hin- und herschwingen, kann die Schwingungsenergie nicht jeden beliebigen Wert annehmen, sondern immer nur Vielfache einer kleinsten Energiemenge. Entsprechend ist auch die vom Körper ausgesandte Wärmestrahlung gequantelt. Damit konnte Planck zwar das Spektrum der schwarzen Strahlung exakt herleiten, aber seine befremdende Annahme blieb zunächst ohne plausible Begründung im Raum stehen.

Einstein ging im Jahr 1905 sogar noch einen Schritt weiter, indem er behauptete, dass Strahlungsenergie grundsätzlich gequantelt ist. Zu dieser Erkenntnis kam er durch die Untersuchung des Photoeffekts oder lichtelektrischen Effekts. Aus einer Metalloberfläche können nämlich allein durch die Bestrahlung mit Licht Elektronen austreten. Der Effekt tritt allerdings erst oberhalb einer Frequenz bzw. unterhalb einer Wellenlänge auf, die vom Metall abhängen. So werden aus einem Alkalimetall wie Kalium durch hochfrequentes bzw. kurzwelliges blaues Spektrallicht zwar Elektronen abgelöst, nicht aber durch niederfrequentes bzw. langwelliges rotes Spektrallicht - selbst dann nicht, wenn dessen Intensität immer höher wird.

Klassisch lässt sich dieser Befund überhaupt nicht verstehen. Damit ein Elektron aus dem Metall austreten kann, muss ihm ein gewisser Energiebetrag zugeführt werden. Die Strahlungsenergie einer klassischen Lichtwelle hängt jedoch ausschließlich von ihrer Amplitude ab, und deshalb sollten die Elektronen bei hinreichend hoher Lichtintensität stets genug Energie erhalten, um das Metall verlassen zu können. Mit der Frequenz und Wellenlänge hingegen hat die Energie einer Lichtwelle nichts zu tun.

An dieser Stelle griff Einstein Plancks Idee auf und verallgemeinerte sie: Die Energie von elektromagnetischer Strahlung ist immer gequantelt. Man kann sich Licht daher als einen Strom aus lauter winzigen Energieportionen vorstellen, die sich mit Lichtgeschwindigkeit ausbreiten. Diese Lichtquanten lassen sich als Teilchen auffassen, die keine Ruhemasse besitzen (sonst könnten sie sich nicht mit Lichtgeschwindigkeit bewegen), sondern nur aus Energie bestehen. Die Physiker bezeichnen solche Lichtteilchen als Photonen. Die Energie E eines Photons hängt nun aber von der Frequenz f der Strahlung ab:

$$E = h \cdot f$$

Je höher also die Frequenz der Strahlung, desto größer ist die Energie der einzelnen Photonen. Die Konstante h ist eine fundamentale Naturkonstante und nach Planck benannt. Diese Planck'sche Konstante hat den Wert (Js steht für Joulesekunden):

$$h = 6{,}625 \cdot 10^{-34}\, Js$$

Die Photonenenergien sind demnach sehr klein: Bei sichtbarem Licht liegt die Energie der Lichtquanten in der Größenordnung $10^{-19}$ J. Das bedeutet umgekehrt: Eine gewöhnliche Glühbirne sendet pro Sekunde rund $10^{20}$ Photonen aus.

Mit Hilfe der Photonen lässt sich der lichtelektrische Effekt zwanglos erklären: Es können immer nur ein Photon und ein Elektron interagieren. Trifft ein Photon auf ein Elektron, wird es vernichtet und überträgt dabei seine Energie auf das Elektron, das damit das Metall verlassen kann. Dazu muss allerdings die Energie $E = h \cdot f$ des Photons mindestens so groß sein wie die zum Austritt erforderliche Energie, was erst ab einer bestimmten Frequenz f der Strahlung der Fall ist. Einstein bekam seinen Nobelpreis im Jahr 1920 übrigens nicht für die damals noch umstrittene Relativitätstheorie, sondern für die Erklärung des Photoeffekts.

Die Photonenvorstellung half Einstein jedoch, einige Phänomene seiner Allgemeinen Relativitätstheorie elegant zu begründen. Zwar haben Photonen keine Ruhemasse, aber aufgrund der Energie-Masse-Äquivalenz kann man ihnen gemäß der Formel $E = m \cdot c^2$ trotzdem eine relativistische Masse m zuordnen. Wenn Photonen eine solche Masse besitzen, werden sie wie gewöhnliche Massen von Himmelskörpern angezogen. Daraus folgen sofort die Lichtablenkung und die Gravitationsrotverschiebung: Fliegt ein Photon in ein Gravitationsfeld, wird es in Richtung auf den Himmelskörper abgelenkt. Und will ein Photon von der Oberfläche eines Himmelskörpers in den Weltraum gelangen, muss es Hubarbeit verrichten. Dabei verliert es Energie, weshalb die Frequenz der zugehörigen Lichtwelle niedriger bzw. ihre Wellenlänge größer wird.

Das führt uns zu der grundlegenden Frage: Was ist Licht nun eigentlich wirklich, eine elektromagnetische Welle oder ein Teilchenstrom aus Photonen? Das lässt sich nicht eindeutig sagen. Licht und allgemein elektromagnetische Strahlung besitzen sowohl eine Wellennatur als auch einen Teilchencharakter. Es kommt ganz auf den betrachteten Vorgang an, ob die eine oder die andere Vorstellung besser geeignet ist, die Sachlage zu verstehen. So lässt sich das Interferenzmuster hinter einem Doppelspalt nur mit dem Wellenbild, der Photoeffekt hingegen nur mit dem Teilchenbild erklären.

Dieser sog. Dualismus Welle-Teilchen tritt nicht nur bei Strahlung, sondern auch bei Materie auf. Das erkennt man, wenn man mit Elektronenstrahlen im Vakuum experimentiert. Läuft der Strahl durch ein elektrisches Feld, verhalten sich die Elektronen wie klassische Teilchen. Sie werden aufgrund ihrer Ladung durch die elektrische Kraft in Richtung der Feldlinien abgelenkt - genauso wie ein schräg geworfener Ball im Gravitationsfeld der Erde. Die Bahnkurve der Elektronen lässt sich wie die Wurfparabel des Balls exakt berechnen - auf dieser Grundlage arbeiten die Bildröhren von herkömmlichen Fernsehgeräten und Computermonitoren.

Lässt man den Elektronenstrahl hingegen durch einen schmalen Doppelspalt treten und registriert die hindurchgekommenen Elektronen auf einem Leuchtschirm dahinter, ergibt sich wie bei Licht ein Interferenzmuster aus lauter parallelen Streifen (Spaltbildern). Elektronen haben offensichtlich auch einen Wellencharakter - der Physiker spricht von Materiewellen. Durch weitere Verfeinerungen des Experiments macht man zwei interessante, ja beinahe unheimliche Beobachtungen:

Erstens könnte man annehmen, dass die durch die beiden Spalte hindurchlaufenden Elektronen in irgendeiner Weise interferieren. Das Interferenzmuster bleibt aber selbst dann erhalten, wenn man die Strahlintensität so weit drosselt, dass immer nur ein Elektron den Doppelspalt passiert. Die einzelnen Elektronen erzeugen zwar nur einzelne Punkte auf dem Schirm, doch mit der Zeit entsteht das gleiche Streifenmuster wie zuvor. Ein jedes Elektron muss also von der Existenz des zweiten Spalts wissen oder durch beide Spalte zugleich hindurchgehen. Das ist nur möglich, wenn sich jedes einzelne Elektron in Form einer Materiewelle im Raum ausbreitet.

Und zweitens: Mit zusätzlichen raffinierten Messtricks lässt sich feststellen, durch welchen Spalt die Elektronen tatsächlich geflogen sind. Tut man das, verschwindet plötzlich das Interferenzmuster: Die Elektronen treffen auf dem Schirm nur noch in zwei Streifen hinter den beiden Spalten auf, so wie man es erwarten würde, wenn man den Doppelspalt mit lauter Kügelchen beschießt. Der Eingriff in die Messapparatur zwingt die Elektronen gleichsam, sich als Teilchen zu zeigen.

Zusammengefasst heißt das alles: Bei genauem Hinsehen offenbaren sowohl Strahlung als auch Materie eine Zwitternatur. Dass man sich Licht mitunter aus Photonen zusammengesetzt denken sprich als Teilchenstrahlung auffassen muss und sich Elektronen auch wie Materiewellen verhalten können, war Voraussetzung für die Weiterentwicklung der Atommodelle.

## Energiezustände im Atom: Elektronen lieben es diskret

Materie sendet nicht nur Wärmestrahlung aus, auch angeregte Atome geben elektromagnetische Strahlung ab. Um dieses Spektrum zu untersuchen, muss man die Atome voneinander trennen und durch Energiezufuhr anregen, was mit Hilfe eines Lichtbogens (einer dauerhaften Funkenentladung) möglich ist. Dabei stellt man fest: Während die Wärmestrahlung ein kontinuierliches Spektrum besitzt, das lückenlos einen breiten Wellenlängen- bzw. Frequenzbereich umfasst, besteht das Anregungsspektrum aus diskreten Linien bei ganz bestimmten Wellenlängen bzw. Frequenzen. Angeregte Atome können also nur elektromagnetische Strahlung bestimmter Wellenlängen bzw. Frequenzen aussenden, die für das betreffende Element charakteristisch sind. So zeigt bereits das Anregungsspektrum des einfachsten Atoms, des Wasserstoffatoms, eine Fülle von Linien im sichtbaren, ultravioletten und infraroten Bereich.

Wie lässt sich das deuten? Offenbar können Atome nur diskrete Energiezustände einnehmen. Für das Wasserstoffatom heißt das, dass sein Elektron nicht in beliebigen, sondern nur in ganz bestimmten Abständen um den Atomkern kreisen kann. Normalerweise befindet es sich auf der innersten möglichen Bahn, weil es hier die geringste Energie hat. Wird dem Atom Energie zugeführt, springt das Elektron auf eine der erlaubten äußeren Bahnen. Nach dem Prinzip der minimalen Energie geht es aber sogleich wieder in den Grundzustand zurück - entweder direkt oder über einen Zwischenstopp auf einer dazwischenliegenden Bahn. Die bei einem solchen Übergang freiwerdende Energie gibt das Atom in Form eines Photons ab. Da die Bahnen und deren Energien für alle Atome eines Elements gleich sind, gehört zu jedem Übergang eine feste Photonenenergie, d.h. eine bestimmte Frequenz bzw. Wellenlänge, die sich als Linie im Spektrum widerspiegelt.

Atome verschiedener Elemente weisen hingegen auch andere Linienspektren auf. Das hat für Astronomen eine praktische Bedeutung: Das Licht eines Sterns, das im Prinzip sichtbare Wärmestrahlung ist, hat ein kontinuierliches Spektrum. Dieses Licht kann Atome in der Gashülle des Sterns anregen, allerdings nur, wenn die Photonenenergie sprich Frequenz möglichen Übergängen in den Atomen entspricht. Deshalb fehlen im Licht des Sterns die Linienspektren der Atome, sie erscheinen als schwarze Absorptionslinien im kontinuierlichen Spektrum. Auf diese Weise erkennen Astronomen, aus welchen Elementen die Gashülle von Sternen besteht, selbst wenn diese viele Lichtjahre von uns entfernt sind. Im Übrigen beweist das auch, dass die Materie überall im Universum aus den gleichen Elementen aufgebaut ist.

Nicht nur die leeren Bahnen, auf die Elektronen durch Anregung gehoben werden, haben immer ganz bestimmte Energien, sondern auch die bereits besetzten Bahnen, auf denen sich die Elektronen normalerweise bewegen. Einen Beleg dafür liefert die Analyse von Röntgenstrahlung. Um Röntgenstrahlung zu erzeugen, genügt eine einfache Glasröhre, in der Vakuum herrscht und zwei Elektroden angebracht sind. Wenn zwischen den Elektroden eine Hochspannung (etwa 10.000 V) angelegt wird, geht von der Anode Röntgenstrahlung aus. Der Grund: Die aus der Kathode austretenden Elektronen erreichen wegen des hohen Potentialunterschieds sehr große Geschwindigkeiten, werden jedoch beim Auftreffen auf die Anode abrupt abgebremst. Beschleunigte elektrische Ladungen senden nun aber elektromagnetische Strahlung aus: Bei der starken Abbremsung an der Anode wird die kinetische Energie der Elektronen in Röntgenstrahlung umgewandelt.

Diese Bremsstrahlung hat ein kontinuierliches Spektrum. Darin gibt es allerdings vereinzelte Wellenlängen, bei denen man extrem viel Strahlung misst: Dem Bremsspektrum ist ein Linienspektrum überlagert, das vom Anodenmaterial abhängt. Woher rührt dieses Linienspektrum? Das

Anodenmetall ist meist ein Element einer höheren Periode wie Kupfer (Cu) oder Wolfram (W), bei denen einige innere Elektronenschalen voll besetzt sind. Da die Metallatome im Atomkern weit mehr positive Ladung haben als das Wasserstoffatom, sind die Energien dieser inneren Bahnen rund tausendmal größer. Die auf die Anode aufprallenden Elektronen bringen aber so viel kinetische Energie mit, dass sie einzelne Elektronen der inneren Schalen ganz aus den Atomen herausschlagen können. Daraufhin füllen Elektronen aus den höheren Schalen die freien Plätze wieder auf - so wie in einem Geröllhaufen die Steine nachrutschen, wenn man unten einen wegnimmt. Die bei diesen Elektronenübergängen ausgesandten Photonen haben dann aber eine tausendmal höhere Energie sprich Frequenz als in einem Anregungsspektrum, d.h. die Wellenlänge der Strahlung ist tausendmal kleiner als bei sichtbarem Licht und liegt im Röntgenbereich - das ergibt die Linien im Röntgenspektrum.

Aus praktischen Gründen führt man im atomaren Bereich eine neue Energieeinheit ein, nämlich Elektronenvolt (eV). 1 Elektronenvolt ist die Energie, die ein Elektron (oder allgemein ein Teilchen mit einer Elementarladung) beim Durchlaufen der Spannung 1 Volt erhält. Damit ist 1 Elektronenvolt die Elementarladung in Joule, d.h. 1 eV entspricht $1{,}6 \cdot 10^{-19}$ J. Die Energien der äußeren Bahnen von Atomen unterscheiden sich stets nur um einige Elektronenvolt, die der inneren Bahnen (bei schweren Elementen) dagegen um einige Kiloelektronenvolt (keV), also um einige tausend Elektronenvolt. Entsprechend groß sind bei Elektronenübergängen die Photonenenergien. Photonen im eV-Bereich haben die Wellenlänge von gewöhnlichem Licht, Photonen im keV-Bereich die Wellenlänge von Röntgenstrahlung.

Warum gibt es aber eigentlich in Atomen diskrete Energiezustände, d.h. warum sind nur ganz bestimmte Bahnen erlaubt? Im Rutherford'schen Planetenmodell des Atoms wären ja beliebige Bahnen möglich - genauso wie Satelliten in beliebigen Abständen um die Erde kreisen können. Überhaupt hat das Atommodell von Rutherford noch eine andere, weit eklatantere Schwäche: Die Elektronen auf den Kreisbahnen werden ständig beschleunigt und müssten daher elektromagnetische Strahlung abgeben. Dadurch würden sie Energie verlieren und binnen kürzester Zeit in den Atomkern stürzen. Das heißt: Atome wären instabil und dürften gar nicht existieren.

Um das Problem zu lösen, ergriff Niels Bohr im Jahr 1913 die Flucht nach vorn und drehte den Spieß einfach um. Er behauptete, es gibt physikalische Bedingungen, die im Atom nur ganz bestimmte Bahnen zulassen. Die Elektronen müssen auf diesen Bahnen bleiben und dürfen daher auch keine Energie durch Abstrahlung verlieren. Nur wenn eine tiefere Bahn frei ist, kann ein Elektron dorthin springen, wobei der Energieunterschied als Photon abgestrahlt wird.

Für die Bahnen im Wasserstoffatom stellte Bohr folgende Bedingung auf: Der Bahndrehimpuls des kreisenden Elektrons ist gequantelt und stets ein Vielfaches der Planck'schen Konstante h. Bei der innersten Bahn, die das Elektron im Grundzustand einnimmt, beträgt der Bahndrehimpuls h.

Auf der ersten angeregten Bahn hat das Elektron den Drehimpuls 2 h, auf der nächsthöheren 3 h und so fort. Mit dieser Bedingung konnte Bohr die Energien der Bahnen und daraus die gemessenen Linien sprich Wellenlängen im Anregungsspektrum des Wasserstoffs exakt berechnen.

Für die Quantelung des Bahndrehimpulses lieferte Louis de Broglie im Jahr 1923 sogar eine physikalische Deutung, indem er die Wellennatur des Elektrons aufgriff. In einem Atom muss diese Materiewelle längs der Kreisbahn eine in sich geschlossene stehende Welle bilden. Das geht nur, wenn der Umfang der Bahn ein Vielfaches der Wellenlänge ist. Mit dieser Voraussetzung leitete de Broglie her, dass die Bohr'sche Bahnbedingung genau dann erfüllt ist, wenn die Wellenlänge der Materiewelle gleich der Planck'schen Konstanten h geteilt durch den Impuls des Elektrons ist.

Trotz seiner Erfolge blieb das Bohr'sche Atommodell Stückwerk. Zum einen standen sowohl die von Bohr geforderte Quantelung des Drehimpulses als auch die von de Broglie gefundene Beziehung, die den Impuls eines Teilchens mit der Wellenlänge der zugehörigen Materiewelle verknüpft, ohne tiefere Begründung im Raum und glichen eher einem Stochern im Nebel. Zum anderen versagt das Bohr'sche Modell bei all den Atomen, die mehr als ein Elektron besitzen, und kann nur das Spektrum des Wasserstoffatoms erklären. Und nicht einmal das: Mit verbesserten Auflösungsmethoden erkannte man, dass die Spektrallinien des Wasserstoffs eine Feinstruktur aufweisen, d.h. in Wirklichkeit selbst nochmals aus mehreren eng beieinander liegenden Linien sprich Wellenlängen bestehen. Die Physiker sahen sich daher in den 20er Jahren des 20. Jahrhunderts gezwungen, für den atomaren Bereich eine völlig neuartige physikalische Theorie zu entwickeln: die Quantenmechanik.

## Quantenmechanik: Es gibt nur Wellen und Wahrscheinlichkeiten

Die Grundannahmen der Quantenmechanik beruhen auf den dürftigen Erkenntnissen über den Dualismus Welle-Teilchen und entbehren somit eigentlich einer soliden Grundlage. Gerechtfertigt werden sie durch den überwältigenden Erfolg, mit dem die Quantenmechanik bis heute alle atomaren Vorgänge erklären kann.

Die Quantenmechanik treibt den Dualismus Welle-Teilchen ins Extrem. Quantenmechanisch werden alle materiellen Teilchen durch Wellen beschrieben, die teils eine komplizierte Form haben können. Ein einzelnes Teilchen, das sich frei durch den Raum bewegt, lässt sich als ein Wellenpaket aus einigen wenigen Wellenbergen auffassen, das sich im Raum ausbreitet.

Aus den Welleneigenschaften (Frequenz, Wellenlänge, Amplitude) ergeben sich die Teilcheneigenschaften (Energie, Impuls, Ort) folgendermaßen: Energie und Impuls des Teilchens hängen über die Planck'sche Konstante h mit Frequenz und Wellenlänge der zugehörigen Materiewelle zusammen. Die Energie ist wie beim Photon gleich h mal die Frequenz, der Impuls nach de Broglie gleich h geteilt durch die Wellenlänge. Die Amplitude gibt an jeder Stelle an, mit welcher Wahrscheinlichkeit sich das Teilchen dort befindet. Da Wellen stets eine räumliche Ausdehnung haben, lässt sich in der Quantenmechanik der Ort eines Teilchens grundsätzlich nicht mehr genau lokalisieren. Vielmehr ist das Teilchen gleichsam über den ganzen Bereich der Welle verschmiert, und man kann an jeder Stelle nur von einer Aufenthaltswahrscheinlichkeit sprechen.

Das führt uns direkt zu einer der grundlegenden Aussagen der Quantenmechanik: der Heisenberg'schen Unschärferelation. Sie lautet: Es ist unmöglich, Ort und Impuls eines Teilchens gleichzeitig beliebig genau zu bestimmen. Kann man den Impuls sprich die Geschwindigkeit des Teilchens exakt messen, weiß man überhaupt nicht mehr, wo sich das Teilchen befindet. Und je genauer man den Ort eingrenzen kann, desto unschärfer wird der Impuls, d.h. desto größer ist der Bereich, in dem die Geschwindigkeit liegen kann. Die Unschärferelation hat nichts mit beschränkten Messmöglichkeiten zu tun, sondern ist prinzipieller Natur. .Je weiter man in den Mikrokosmos vordringt, desto mehr verschwimmen die uns aus dem Alltag vertrauten Begriffe wie Ort und Geschwindigkeit.

Dabei lässt sich die Heisenberg'sche Unschärferelation sogar im klassischen Wellenbild verstehen, nämlich mit den Erkenntnissen aus der Fourier-Analyse. Damit sich eine Welle mit einer einzigen Wellenlänge, was quantenmechanisch einem bestimmten Impuls entspricht, beschreiben lässt, muss sie im Prinzip unendlich weit ausgedehnt sein, d.h. das Teilchen ist mit einer gewissen Wahrscheinlichkeit überall gleichzeitig. Ein räumlich begrenztes Wellenpaket hingegen enthält viele Wellenlängen, d.h. für den Impuls gibt es einen ganzen Bereich möglicher Werte.

Die Fourier-Analyse setzt auch Frequenz und Zeit miteinander in Beziehung: Damit eine Welle nur eine einzige Frequenz hat, muss sie im Prinzip unendlich lange bestehen. Je zeitlich begrenzter sie ist, desto mehr Frequenzen sind in ihr enthalten. Da die Frequenz der Energie entspricht, heißt das in die Quantenmechanik übersetzt: Die Energie eines Teilchens lässt sich nur dann exakt bestimmen, wenn es immer den gleichen Zustand einnimmt. Hält es sich nur eine Zeitlang in dem Zustand auf, wird seine Energie unscharf. Es gibt in der Quantenmechanik also mehrere Paare von Messgrößen, für die eine Unschärferelation gilt. Diese Paare haben wir bereits kennengelernt, denn sie decken sich mit denen, die Erhaltungssätze und Symmetrien der Raumzeit miteinander verknüpfen, nämlich Energie und Zeit, Impuls und Ort sowie Drehimpuls und Winkel.

Die Unschärferelationen machen sich zwar in unserer alltäglichen Umgebung nicht bemerkbar, sehr wohl aber im Atom. Zunächst die Energie-Zeit-Unschärfe: Wenn ein Elektron die ganze Zeit auf der gleichen Bahn bleibt, hat es eine feste Energie. Wird es jedoch auf eine höhere Bahn angeregt, fällt es bereits nach durchschnittlich $10^{-8}$ s, d.h. einer Hundertmillionstel Sekunde, wieder auf eine tiefere Bahn zurück. Deshalb ist die Energie der angeregten Bahn und auch des beim Übergang ausgesandten Photons nicht mehr genau definiert. Die Unschärfe beträgt etwa $10^{-7}$ eV. Das ist zwar nur weniger als ein Millionstel der Photonenenergie, die im Bereich einiger eV liegt, führt aber dazu, dass die Linien im Anregungsspektrum keine dünnen Striche bei bestimmten Frequenzen sind, sondern eine gewisse Breite sprich Frequenzunschärfe aufweisen.

Nun zur Impuls-Ort-Unschärfe: Aus der Bohr'schen Bahnbedingung lässt sich fürs Wasserstoffatom der Impuls des Elektrons berechnen. Da sich das Elektron jedoch auf einer Kreisbahn bewegt, liegt sein Impuls in jeder Richtung irgendwo zwischen null und diesem Wert. Daraus folgt eine Ortsunschärfe von $10^{-10}$ m, was in etwa dem Atomdurchmesser entspricht. Es ist daher prinzipiell unmöglich, das Elektron im Atom genauer zu lokalisieren - man weiß nur, dass es sich irgendwo im Atom aufhalten muss.

Das bedeutet, dass der klassische Bahnbegriff in der Quantenmechanik überhaupt keinen Sinn mehr macht. Statt von Bahnen spricht man besser von Energiezuständen des Elektrons. Jeder dieser Zustände wird durch eine stehende Welle im Atom beschrieben, deren Amplitude angibt, mit welcher Wahrscheinlichkeit man das Elektron an welcher Stelle des Atoms antrifft. Zu einem Zustand gehört somit keine Kreisbahn (Orbit), sondern ein Orbital, d.h. ein Raumgebiet, in dem sich das Elektron bewegen kann. Wie ein Orbital aussieht, hängt von der Form der Welle ab. Orbitale können z.B. ein kugel-, hantel- oder kleeblattförmiges Gebiet innerhalb des Atoms umfassen.

Wie findet man aber die Energiezustände und die dazugehörigen Wellen? Dazu betrachten wir zunächst ein einfaches Beispiel: In einem Kasten ist ein kräftefreies Teilchen eingeschlossen, das sich in keinem Feld befindet. Klassisch kann das Teilchen dann mit einer beliebigen kinetischen Energie geradlinig z.B. zwischen zwei gegenüberliegenden Wänden hin- und herlaufen, wobei es an den Wänden reflektiert wird. Quantenmechanisch bildet das Teilchen zwischen den beiden Wänden stehende Wellen aus - wie eine schwingende Gitarrensaite. Je mehr Schwingungsbäuche die stehende Welle enthält, desto kürzer ist ihre Wellenlänge bzw. höher ist ihre Frequenz. Da die Frequenz die Energie ausdrückt, kann das Teilchen nur noch ganz bestimmte Energien haben - die Energie ist jetzt gequantelt. Diese diskreten Energiezustände nummeriert man mit einer sog. Quantenzahl n durch. Im Grundzustand („Grundschwingung") mit der Quantenzahl n = 1 hat die Welle nur einen Schwingungsbauch und das Teilchen die geringste Energie. Durch passende Energiezufuhr kann das Teilchen in höhere Energiezustände („Oberschwingungen") mit den Quantenzahlen n = 2, 3, 4 usw. angehoben werden, deren Wellen entsprechend viele Schwingungsbäuche aufweisen.

Das Einsperren des Teilchens in einen Kasten führt also automatisch zu einer Quantelung der Energie. In ähnlicher Weise ergeben sich in der Quantenmechanik auch für andere physikalische Messgrößen weitere Quantenzahlen. Außerdem zeigt das Beispiel, dass ein Teilchen stets eine Energie besitzt, weil zumindest die Grundschwingung angeregt sein muss. Teilchen können daher niemals ganz stillstehen. Das ist der quantenmechanische Grund dafür, dass der absolute Nullpunkt der Temperatur prinzipiell nicht erreichbar ist.

Kommen wir nun zum Wasserstoffatom, dessen quantenmechanische Behandlung weit komplizierter ist, denn das Elektron befindet sich jetzt im elektrischen Feld des positiv geladenen Atomkerns. Während sich das Teilchen im Kasten nur längs einer Geraden sprich eindimensional bewegt hat, steht dem Elektron der ganze Raum im Atom zur Verfügung - es handelt sich also um ein dreidimensionales

Problem. Folgerichtig liefert die Rechnung jetzt auch drei Quantenzahlen, die man mit n, ℓ und m bezeichnet.

Die erste Quantenzahl n, die die Werte 1, 2, 3 usw. annehmen kann, gibt wiederum die Energiestufen an, die exakt den Energien aus dem Bohr'schen Atommodell entsprechen. Anders als dort wird die Energie des Elektrons jedoch nicht durch seinen Drehimpuls bestimmt. Vielmehr kann jetzt erst in jedem Energiezustand n der Drehimpuls verschiedene Vielfache der Planck'schen Konstante h betragen. Das wird durch die zweite Quantenzahl ℓ ausgedrückt, die die Werte 0, 1, 2 usw. annehmen kann, aber immer kleiner als n bleiben muss. So ist im Grundzustand n = 1 nur der Drehimpuls 0 (ℓ = 0) möglich, im ersten angeregten Zustand n = 2 kann der Drehimpuls entweder 0 (ℓ = 0) oder h (ℓ = 1) sein. Bemerkenswert ist, dass das Elektron quantenmechanisch überhaupt keinen Drehimpuls haben muss, was bei einer klassischen Kreisbahn nicht denkbar wäre.

Klassisch kann eine Kreisbahn beliebig im Raum orientiert sein: Die Drehachse und damit der Drehimpuls lassen sich kontinuierlich kippen, bis sie in die entgegengesetzte Richtung zeigen. Quantenmechanisch kann sich die Richtung des Drehimpulses wiederum nur in Schritten von h ändern. Wie der Drehimpuls im Raum liegt, beschreibt die dritte Quantenzahl m. Misst man den Anteil des Drehimpulses ℓ in einer bestimmten Richtung, kann m nur ganzzahlige Werte zwischen +ℓ und -ℓ' annehmen. Beim Drehimpuls ℓ = 0 ist stets auch m = 0, beim Drehimpuls ℓ = 1 sind dagegen schon die drei Werte m = 1, 0, -1 möglich. Deshalb kann sich das Elektron im ersten angeregten Zustand n = 2 bereits in vier möglichen Quantenzuständen ℓm befinden, nämlich 00, 11, 10 und 1-1.

Allerdings haben diese vier Zustände die gleiche Energie, und zwar die des Energieniveaus n = 2. Damit bringt die Quantenmechanik bis hierher auch nicht mehr als das Bohr'sche Modell, weil sie gleichfalls nicht die Feinstruktur im Spektrum des Wasserstoffs erklärt. Denn wenn die Spektrallinien in Wirklichkeit aus mehreren eng beieinander liegenden Linien bestehen, heißt das nichts anderes, als dass es auf jedem Energieniveau n mehrere Zustände geben muss, die sich in ihrer Energie geringfügig unterscheiden. Das ist auch tatsächlich der Fall, jedoch erst, wenn man zusätzlich den Spin des Elektrons berücksichtigt.

Um den Spin zu verstehen, bemühen wir noch einmal das klassische Bild einer Kreisbahn. So wie die rotierende und um die Sonne laufende Erde besitzt im Wasserstoffatom das um das Proton kreisende Elektron neben einem Bahndrehimpuls auch einen Eigendrehimpuls. Den Eigendrehimpuls atomarer Teilchen nennt man Spin. Die Einführung eines neuen Namens ist vollauf gerechtfertigt: Es ist ohnehin schwer vorstellbar, wie sich ein nahezu punktförmiges Elektron noch drehen soll. Und in der Tat stellt der Spin eine sonderbare, da gleichsam innere Eigenschaft dar: Ein Teilchen hat immer und überall den gleichen Spin, er ist eine ebenso fundamentale Eigenschaft des Teilchens wie seine Masse und seine Ladung. Niemand weiß, ob der Spin wirklich etwas mit einer Eigendrehung der Teilchen zu tun hat, aber er äußert sich physikalisch in jeder Hinsicht wie ein Drehimpuls.

Der Spin des Elektrons beträgt stets ½ h. Genau wie beim Bahndrehimpuls kann sich auch die Richtung des Spins nur um h ändern. Wie der Spin im Raum orientiert ist, drückt man daher durch eine vierte Quantenzahl s aus, die die Werte +½ und -½ annehmen kann. In den beiden Zuständen zeigt der Spin in entgegengesetzte Richtungen, z.B. nach oben und nach unten - bildlich gesprochen dreht sich das Elektron einmal links und einmal rechts herum. Mit diesen zwei Einstellmöglichkeiten für den Spin verdoppelt sich nochmals die Anzahl der Quantenzustände, in denen sich das Elektron des Wasserstoffatoms befinden kann. So sind im Energieniveau n = 2 nicht nur wie oben beschrieben vier, sondern insgesamt acht Zustände möglich.

Wenn das Elektron samt seiner negativen Ladung rotiert, ist das ein elektrischer Strom, der ein Magnetfeld erzeugt. Das Elektron bildet also einen winzigen Magneten - der Ferromagnetismus rührt übrigens letztendlich nicht von einer Kreisbewegung, sondern vom Spin der Elektronen her. Bleiben wir aber beim Wasserstoffatom: Im Bezugssystem des Elektrons, d.h. aus seiner Sicht bewegt sich das positiv geladene Proton des Atomkerns um das Elektron. Dieser Kreisstrom ist von einem Magnetfeld umgeben, in dem das Elektron als Magnet eine magnetische Energie besitzt. Je nach der Orientierung des Spins im Feld (s = +½ oder -½) ist die magnetische Energie leicht verschieden - wie bei einer Magnetnadel, die man in einem Magnetfeld umdreht.

Das ist der Grund für die Aufspaltung der Spektrallinien zur Feinstruktur: Die Gesamtenergie des Elektrons besteht aus seiner elektrischen Energie, die die groben Energiestufen n festlegt, und seiner magnetischen Energie, die diese Niveaus je nach Spinrichtung geringfügig verschiebt. Die genaue Rechnung ist sehr kompliziert, weil - wie bei allen Drehimpulsen - der Bahndrehimpuls $\ell$ und der Spin s zu einem Gesamtdrehimpuls koppeln sprich sich addieren. Jedenfalls entsprechen die berechneten Energien exakt den gemessenen Spektrallinien (Frequenzen) der Feinstruktur.

Die vollständige Erklärung des Wasserstoffspektrums war historisch gesehen ein großer Triumph der Quantenmechanik, der ihr zum Durchbruch verhalf. Um auch den Aufbau aller anderen Atome mit mehr als einem Elektron verstehen zu können, muss man zunächst wissen, wie sich quantenmechanisch ein System aus mehreren Teilchen verhält.

## Fermionen und Bosonen: Einzelgänger und Gesellschaftstiere

Wenn sich in der Quantenmechanik identische Teilchen in einem System versammeln, offenbaren sich zwei völlig gegensätzliche Teilchentypen. Die beiden Typen heißen Fermionen und Bosonen und unterscheiden sich darin, wie sie mit ihresgleichen umgehen. Fermionen sind sehr scheu: Man trifft nie zwei von ihnen im selben Quantenzustand. Bosonen hingegen sind sehr kontaktfreudig: Von ihnen tummeln sich so viele wie möglich im gleichen Zustand. In welche Kategorie ein Teilchen fällt, ist erstaunlicherweise allein durch seinen Spin festgelegt: Teilchen mit halbzahligem Spin ($\frac{1}{2}$ h, $\frac{2}{3}$ h, ...) verhalten sich wie Fermionen, Teilchen mit ganzzahligem Spin (0, h, ...) wie Bosonen.

Das Elektron mit dem Spin $\frac{1}{2}$ h ist also ein Fermion. Das bedeutet: Die Elektronen eines Atoms müssen sich alle in verschiedenen Quantenzuständen befinden, d.h. sie müssen sich mindestens in einer Quantenzahl unterscheiden (sog. Pauli-Prinzip). Wenn das nicht so wäre, sähe unsere Welt ganz anders aus: In allen Atomen würden sich die Elektronen im Zustand mit der niedrigsten Energie drängen, d.h. alle Elemente wären wasserstoffähnlich.

So aber besetzen die Elektronen mit zunehmender Ordnungszahl im Periodensystem die Energiezustände des Atoms der Reihe nach von unten nach oben. Um das nachzuvollziehen, darf man sogar die beim Wasserstoffatom gefundenen Quantenzustände benutzen. Zur Erläuterung ein Beispiel: Beim Stickstoffatom mit der Ordnungszahl 7 nehmen die sieben Elektronen die sieben tiefsten Energiezustände ein und neutralisieren dabei die sieben positiven Elementarladungen des Atomkerns nach außen. Der Kern des Sauerstoffatoms mit der Ordnungszahl 8 enthält eine positive Elementarladung mehr. Das hinzukommende achte Elektron sieht auch nur diese Elementarladung, weil die anderen durch die bereits vorhandenen Elektronen abgeschirmt werden. Für das neue Elektron gleicht daher das elektrische Feld dem des Wasserstoffatoms, nur dass die sieben tiefsten Zustände schon von Elektronen besetzt sind.

Damit liefert die Quantenmechanik eine physikalische Begründung für den Schalenaufbau der Atome sprich die

Struktur des Periodensystems. Die vom Wasserstoff bekannten Quantenzahlen n, $\ell$, m und s spiegeln sich in den Schalen und Unterschalen wider. Die Quantenzahl n = 1, 2, 3, ... für die groben Energiestufen entspricht der Nummer der Schale (Periode). Die Quantenzahl $\ell$ für den Drehimpuls hingegen bezeichnet die Unterschalen: Für die s-Unterschale ist $\ell = 0$, für die p-Unterschale $\ell = 1$, für die d-Unterschale $\ell = 2$ und für die f-Unterschale $\ell = 3$. Da $\ell$ immer kleiner als n sein muss, hat die 1. Schale nur eine s-Unterschale, die 2. Schale eine s- und p-Unterschale, die 3. Schale eine s-, p- und d-Unterschale und die 4. Schale eine s-, p-, d- und f-Unterschale.

Das Fassungsvermögen der Unterschalen ergibt sich, wenn man noch die Drehimpulsrichtung m, die zwischen $+\ell$ und $-\ell$ liegen kann, und die zwei Spinrichtungen s für das Elektron berücksichtigt. Bei der s-Unterschale ist nur m = 0 möglich, und deswegen kann sie bloß 2 Elektronen mit entgegengesetztem Spin aufnehmen. Bei der p-Unterschale hat m den Wert 1, 0 oder -1, zusammen mit den beiden Spineinstellungen gibt es dann 6 Quantenzustände. Bei der d-Unterschale ist m eine der fünf ganzen Zahlen zwischen 2 und -2, so dass hier insgesamt 10 Elektronen unterkommen. Und bei der f-Unterschale nimmt m einen der sieben Werte zwischen 3 und -3 an, woraus 14 Quantenzustände folgen.

Auch chemische Bindungen erscheinen quantenmechanisch in einem anderen Licht. Wenn sich zwei gleiche Atome zu einem Molekül verbinden, überlappen sich ihre Energiezustände (bildlich gesprochen ihre Orbitale) zu einem gemeinsamen Energieschema. Dabei verschieben sich die Energieniveaus leicht, so dass das Molekül doppelt so viele Zustände für die doppelte Anzahl von Elektronen besitzt. In einem Kristall überlagern sich gar die Energiezustände aller Atome. Dann liegen die zahlreichen diskreten Zustände so dicht beieinander, dass sie praktisch kontinuierliche Bereiche erlaubter Energiewerte bilden. Der Physiker spricht von Energiebändern, die allerdings immer wieder von ebenso breiten Lücken verbotener Energien unterbrochen sind. Wenn der Stoff ein elektrischer Nichtleiter ist, gibt es nur voll besetzte Bänder: Die Elektronen sind fest an ihren Quantenzustand gebunden und können die Bandlücken nicht überwinden, um in ein höherliegendes leeres Band zu gelangen. In einem elektrischen Leiter (insbesondere in Metallen) ist das oberste Band nur teilweise besetzt: Die Elektronen erreichen allein aufgrund der Energie ihrer Wärmebewegung beliebige noch freie Zustände in diesem Band und können sich so im ganzen Kristall bewegen.

Kommen wir nun zu den Bosonen: Das wichtigste Boson ist das Photon, das stets den Spin h hat. Als Bosonen wollen sich Photonen immer im tiefstmöglichen Energiezustand sammeln sprich alle eine möglichst geringe Frequenz haben. Das erklärt das Spektrum der Wärmestrahlung: Erst wenn der Körper mit zunehmender Temperatur immer mehr Wärmeenergie bereitstellt, gehen die ausgesandten Photonen auch in höhere Energiezustände, d.h. das Spektrum dehnt sich allmählich hin zu höheren Frequenzen bzw. kürzeren Wellenlängen aus.

Bosonen sind auch für sonderbare physikalische Phänomene wie die Supraleitung verantwortlich. Normalerweise besitzen Metalle einen elektrischen Widerstand, der beim

Anlegen einer Spannung den Strom durch den Leiter begrenzt. Der Widerstand kommt zum Teil durch Stöße der Elektronen gegen die Atome des Kristallgitters zustande, vor allem aber durch das Pauli-Prinzip: Da die Elektronen als Fermionen gebührenden Abstand voneinander halten müssen, sind sie sich gegenseitig im Weg. Nun sinkt jedoch der elektrische Widerstand in manchen Metallen bei extrem tiefen Temperaturen knapp über dem absoluten Nullpunkt plötzlich auf unmessbar kleine Werte - das Metall wird supraleitend. Erstmals entdeckte das Kamerlingh Onnes im Jahr 1911 bei Quecksilber, das bei 4 K (-269 °C) in die supraleitende Phase übergeht.

Woher rührt die Supraleitung? Hier tun sich jeweils zwei Elektronen mit entgegengesetztem Spin zu einem sog. Cooper-Paar zusammen. Da Cooper-Paare dann den Spin 0 haben, sind sie Bosonen. Deshalb dürfen sich diese Elektronenpaare beliebig nahe kommen und bremsen sich auch nicht mehr gegenseitig aus, sondern bewegen sich nahezu ungehindert durch das Kristallgitter. Wegen des verschwindend kleinen Widerstands können in einem Supraleiter sehr starke elektrische Ströme fließen, die - einmal induziert - für lange Zeit bestehen bleiben. Das nutzt man technisch, um sehr starke Magnetfelder zu erzeugen. Allerdings benötigt man zur Kühlung flüssiges Helium, das bei 4 K kondensiert. Interessanter wären „Hochtemperatur"-Supraleiter, die sich mit flüssigem Stickstoff (-196 °C bzw. 77 K) kühlen ließen. Als daher Georg Bednorz und Alexander Müller im Jahr 1986 tatsächlich keramische Kupferoxid-Verbindungen fanden, die bereits zwischen 35 K und 130 K supraleitend werden, wurden sie prompt mit dem Nobelpreis bedacht.

Eine vergleichbare Ursache wie die Supraleitung hat die Suprafluidität. Normalerweise tritt in einer strömenden Flüssigkeit eine innere Reibung auf, die von Stößen und Kräften zwischen den Molekülen herrührt. Diese innere Reibung oder Viskosität ist dafür verantwortlich, dass das Wasser in einem bergab fließenden Bach nicht immer schneller wird und dass die Strömungsgeschwindigkeit eines Flusses in der Mitte größer ist als am Ufer. Nun entdeckte man im Jahr 1938, dass flüssiges Helium bei Temperaturen unter 2 K seine Viskosität verliert und völlig reibungsfrei strömt.

Der Grund für diese Suprafluidität: Die beiden Elektronen des Heliumatoms, die die tiefste s-Schale ($n = 1$ und $\ell = 0$) besetzen, müssen einen entgegengesetzten Spin haben. Damit ist der Gesamtspin 0 und das Heliumatom ein Boson. Bei extrem tiefen Temperaturen gehen deshalb alle Heliumatome in den niedrigsten Energiezustand, sie sind dann alle im gleichen Quantenzustand und bilden eine einzige Materiewelle. Ein Tropfen suprafluides Helium stellt gleichsam ein sichtbares makroskopisches Quantensystem dar. Und tatsächlich verhält er sich auch so: Wenn man den Tropfen in Rotation versetzt, kann er sich nicht mit beliebigen Geschwindigkeiten drehen, sondern nur mit solchen, bei denen der Drehimpuls ein Vielfaches von h ist.

# Quantenphänomene: Eine exotische Welt

Quantenmechanische Gesetzmäßigkeiten wie die Unschärferelation und das Pauli-Prinzip sind schon seltsam genug und laufen unserer Alltagserfahrung völlig zuwider. Aber die Quantenmechanik hat noch weit mehr Überraschungen auf Lager. Grundsätzlich beruht die Quantenmechanik immer auf Wahrscheinlichkeitsaussagen und steht damit in krassem Gegensatz zum klassischen Determinismus, der in der Relativitätstheorie seine höchste Vollendung fand. Einstein war denn auch sein ganzes Leben lang ein entschiedener Gegner der Quantenmechanik, was er mit dem Ausspruch „Gott würfelt nicht" auf den Punkt brachte.

Aber in gewissem Sinne würfelt die Natur eben doch: Ein angeregtes Atom geht in der Regel nach rund $10^{-8}$ s wieder in den Grundzustand über. Das ist aber nur ein Durchschnittswert, d.h. nach dieser Zeit kann sich das Elektron genauso gut noch im angeregten Zustand befinden wie bereits wieder in einen tieferen Energiezustand zurückgekehrt sein. Im klassischen Determinismus ist so etwas undenkbar: Hier folgt das Verhalten eines Teilchens streng logisch aus den Anfangsbedingungen und ist damit immer voraussagbar. Quantenmechanisch gibt es für den Elektronenübergang aber nur eine Wahrscheinlichkeit, die sich in einer mittleren Lebensdauer des angeregten Zustands von etwa $10^{-8}$ s ausdrückt.

Darüber hinaus sind bei weitem nicht alle Elektronenübergänge erlaubt. Die einfachste dieser Regeln: Da das beim Übergang ausgesandte Photon den Drehimpuls h mitnimmt, muss sich aufgrund des Drehimpulserhaltungssatzes auch der Drehimpuls $\ell$ des Elektrons um h sprich 1 ändern. Deshalb kann z.B. ein Elektron aus einer höheren s-Unterschale ($\ell = 0$) nicht auf eine tiefere s-Unterschale, sondern immer nur auf eine p-Unterschale ($\ell = 1$) fallen. Verboten heißt in der Quantenmechanik aber nicht unmöglich: Ein Übergang, der die Drehimpulserhaltung verletzt, hat nur eine sehr viel geringere Wahrscheinlichkeit, findet jedoch nach einer entsprechend längeren Zeitspanne trotzdem statt. Solche „verbotenen" Übergänge sind die Ursache für das Nachleuchten phosphoreszierender Stoffe, und sie ermöglichten erst die Erfindung des Lasers in den 60er Jahren des vorigen Jahrhunderts.

Das Wort Laser ist die Abkürzung für Light *amplification by stimulated emission of radiation* („Lichtverstärkung durch stimulierte Emission von Strahlung"). Die theoretische Grundlage legte bereits ein halbes Jahrhundert zuvor ausgerechnet Einstein. Wenn Strahlung passender Frequenz auf Atome trifft, werden Elektronen in einen angeregten Zustand angehoben. Dabei werden Photonen absorbiert, die Strahlung also abgeschwächt. Angeregte Atome gehen spontan, d.h. von allein wieder in den Grundzustand zurück, indem sie Photonen aussenden. Um das Spektrum der Wärmestrahlung auf eine elegantere Weise als Planck herzuleiten, postulierte Einstein noch einen dritten Prozess. Diese erzwungene Emission ist die Umkehrung der Absorption: Trifft Strahlung passender Frequenz auf angeregte Atome, stimuliert sie die Elektronen dazu, in den Grundzustand zurückzukehren und dabei Photonen auszusenden - die Strahlung wird jetzt verstärkt. Damit sich der Effekt bemerkbar macht, müssen sich allerdings mehr Elektronen im angeregten Zustand als im Grundzustand befinden. Das ist aber in der Regel nicht der Fall, weil sich die Atome sehr schnell spontan wieder abregen.

Hier kommen die verbotenen Übergänge ins Spiel: In einem Laser bringt man die Elektronen eines Kristalls durch Strahlung passender Frequenz aus dem Grundzustand 1 auf ein höheres Energieniveau 3. Von dort fallen sie spontan auf ein dazwischenliegendes Niveau 2, aber nicht weiter, weil der folgende Übergang in den Grundzustand 1 verboten ist. So bevölkert sich der Zwischenzustand 2 mit Elektronen, während sich der Grundzustand 1 leert. Wenn nach einer Weile ein Elektron endlich doch den verbotenen Sprung tut, setzt automatisch erzwungene Emission ein: Das ausgesandte Photon stimuliert weitere Elektronen zu dem Übergang, es entstehen immer mehr Photonen, und im Nu werden alle Elektronen mitgerissen - dem Kristall entweicht ein Laserpuls. Die Photonen der Laserstrahlung haben alle die gleiche Frequenz bzw. Wellenlänge, die dem Energieunterschied zwischen den Niveaus 2 und 1 entspricht. Durch geeignet ausgerichtete Spiegel lässt sich die Strahlung zudem stark bündeln.

Ein verbotener Übergang anderer Art ist der Tunneleffekt. Ein rollender Ball kommt nur dann aus einer Mulde heraus, wenn seine kinetische Energie mindestens so groß ist wie der Potentialunterschied bis zum Rand der Mulde. Ganz ähnlich sitzen die Elektronen eines Metalls in einer Potentialmulde und können die Oberfläche nur verlassen, wenn sie durch Heizen oder Bestrahlung (glühelektrischer bzw. lichtelektrischer Effekt) genügend kinetische Energie erhalten. Aber es geht auch anders: Legt man an das Metall eine hohe elektrische Spannung an, wird der Potentialberg so dünn, dass die Elektronen durch ihn hindurch „tunneln" können: Man trifft auch einige Elektronen außerhalb des Metalls an, obwohl sie gar nicht genug Energie haben, um das undurchdringliche Hindernis zu überspringen. Das ist genauso, als wenn man Bälle gegen eine Mauer wirft und einer von hundert nicht reflektiert wird, sondern einfach durch die Mauer hindurchgeht.

Im Wellenbild lässt sich der Tunneleffekt sogar verstehen. Auch eine klassische Schallwelle dringt in eine Wand ein, wird in ihr gedämpft und tritt auf der anderen Seite mit geringerer Amplitude sprich Lautstärke wieder aus. Quantenmechanisch sind Teilchen Materiewellen, die sich gleichfalls in einem für sie eigentlich verbotenen Potentialberg ausbreiten können, dabei aber stark abgeschwächt werden. Je dünner jedoch der Berg, desto größer ist jenseits noch die Amplitude der Materiewelle, d.h. desto höher ist dort die Aufenthaltswahrscheinlichkeit für das Teilchen.

Eine wichtige Anwendung des Tunneleffekts ist das Rastertunnelmikroskop, mit dem es erstmals möglich war, Atome zu „sehen". Dazu benutzt man eine sehr dünne Metallspitze, die am Ende nur ein Atom „dick" ist. Mit dieser Spitze fährt man ganz dicht über eine Metalloberfläche, wobei zwischen Spitze und Metall eine Hochspannung anliegt. Dann können zwischen Metall und Spitze Elektronen tunneln, d.h. es fließt Strom. Bei Erhebungen der Oberfläche wird der Strom größer, bei Vertiefungen kleiner. Das sich daraus ergebende Bild der Metalloberfläche ist eine regelmäßige Anordnung dicht gepackter Kugeln. Was man bei diesem Verfahren genau genommen sichtbar macht, ist die elektrische Ladungsverteilung sprich die Elektronenhüllen der Atome.

So faszinierend der Blick in die quantenmechanische Welt der Atome ist, so problematisch ist er im Grunde auch. Denn bereits der eigentliche Messvorgang wirft geradezu philosophische Fragen auf. Betrachten wir dazu ein einfaches Wasserstoffatom im Grundzustand: Für das Elektron sind dann die Quantenzahlen $n = 1$, $\ell = 0$ und $m = 0$ festgelegt, aber über die Spinquantenzahl $s$ lässt sich zunächst einmal überhaupt nichts sagen. Beide Spinrichtungen sind völlig gleichberechtigt, und deshalb muss man den Zustand des Elektrons quantenmechanisch durch eine Welle beschreiben, die sich aus der Überlagerung der beiden Wellen zu den Spineinstellungen $s = +\frac{1}{2}$ und $-\frac{1}{2}$ ergibt. Sobald man jedoch mit einer geeigneten Messapparatur für den Spin z.B. den Wert $s = +\frac{1}{2}$ bestimmt, bricht die Welle förmlich zusammen: Sie besteht dann nur noch aus der zum Spin $+\frac{1}{2}$ gehörigen Einzelwelle. Das ist der gleiche Effekt wie beim Doppelspaltversuch: Zunächst ist die Materiewelle des Elektrons die Interferenz der von den beiden Spalten ausgehenden Einzelwellen. Misst man aber, durch welchen Spalt das Elektron tritt, gibt es plötzlich nur noch diese Welle.

Dass die Messung den quantenmechanischen Zustand derart radikal verändert, ist an sich schon erstaunlich genug. Noch heikler wird es, wenn man sich überlegt, wann genau die Welle kollabieren soll. Erwin Schrödinger - zusammen mit Werner Heisenberg der Mitbegründer der

Quantenmechanik - illustrierte das mit einem tierischen Gedankenexperiment: In einem abgeschlossenen (und schalldichten) Kasten ist eine Katze eingesperrt, auf die ein Gewehr zielt. Der Abzug des Gewehrs ist mit einem Mechanismus versehen, der auf den Elektronenspin eines Wasserstoffatoms reagiert. Wenn das Wasserstoffatom auf den Mechanismus trifft, wird je nach der Richtung des Spins ein Schuss ausgelöst oder nicht. Nun befindet sich das Atom jedoch von Natur aus in einem Überlagerungszustand aus beiden Spinrichtungen. Erst eine Messung reduziert die Welle, indem sie die Spineinstellung und damit das Schicksal der Katze festlegt. Aber zu welchem Zeitpunkt findet die Messung statt? Wenn das Atom den Auslösemechanismus erreicht? Oder erst, wenn der Deckel des Kastens geöffnet wird, um nach der Katze zu sehen? Im letzteren Fall bedeutet das, dass auch die Katze zuvor in einer Art Mischzustand existierte, in dem sie gleichzeitig tot und lebendig war.

Diese absurde Situation nutzte der Skeptiker Einstein zu einem Angriff auf die Quantenmechanik. Um die ihm suspekte Theorie zu widerlegen, ersann er mit seinen Mitarbeitern Podolsky und Rosen ein weiteres Gedankenexperiment: Bei einem atomaren Prozess werden zwei Photonen erzeugt und fliegen in entgegengesetzter Richtung davon. Jedes der beiden Photonen besitzt den Spin h. Aufgrund der Drehimpulserhaltung müssen die Spinrichtungen entgegengesetzt sein, aber die genaue Richtung bleibt quantenmechanisch völlig unklar. Sobald man jedoch nach einer gewissen Laufstrecke den Spin des einen Photons misst, erhält das andere Photon automatisch den entgegengesetzten

Spin. Dazu muss diese Information augenblicklich zu dem zweiten Photon gelangen. Das aber steht im Widerspruch zur Relativitätstheorie, nach der sich nichts - auch keine Information - schneller als das Licht (und damit die Photonen) ausbreiten kann.

Pech für Einstein, dass dieses Experiment später tatsächlich durchgeführt wurde und die „spukhafte Fernwirkung", wie er sie nannte, nachwies. Die Physiker sprechen heute von einem verschränkten Paar: Die beiden Photonen befinden sich die ganze Zeit im gleichen Quantenzustand, sie bleiben auf geheimnisvolle Weise miteinander verbunden, egal wie weit sie sich voneinander entfernen. Ändert man die Eigenschaften des einen Photons, ändern sich automatisch die entsprechenden Eigenschaften des anderen Photons in entgegengesetzter Weise.

Verschränkte Paare lassen sich zur Teleportation nutzen, d.h. zur Übertragung der Information sprich des Quantenzustands eines Teilchens auf ein entferntes anderes Teilchen. Will man z.B. ein Photon teleportieren, lässt man es mit einem Photon eines verschränkten Paars interagieren. Dann werden die Eigenschaften des zu teleportierenden Photons ausgelöscht, während gleichzeitig das zweite Photon des verschränkten Paars dessen Eigenschaften annimmt. Auf diese Weise gelang es Anton Zeilinger von der Universität Wien in den letzten Jahren, Photonen über ein Glasfaserkabel sogar unter die Donau hindurch zu teleportieren. Im Prinzip ist die Teleportation eine Vorstufe des „Beamens" in der Science-Fiction-Serie „Raumschiff Enterprise": Hier werden ganze Menschen mittels Strahlung an einem Ort aufgelöst und anhand der teleportierten Information an einer anderen Stelle wieder zusammengesetzt.

# Atomkerne: Tröpfchen aus Protonen und Neutronen

In den vorangegangenen Kapiteln haben wir die Eigenschaften von Atomen ausgiebig kennengelernt - in erster Linie allerdings nur die Zustände der Elektronen. Unter der Atomphysik versteht man denn auch die Physik der Elektronenhülle. Der positiv geladene Atomkern ist bisher nur durch sein elektrisches Potential in Erscheinung getreten, mit dem er die Elektronen gefangen hält.

Dabei ist der Atomkern nicht nur der Sitz der positiven Ladung, sondern praktisch der gesamten Masse. In der Kernphysik gibt man nicht Massen, sondern zwecks der besseren Vergleichbarkeit die zugehörigen Ruheenergien an, die über Einsteins Formel $E = m \cdot c^2$ zusammenhängen, und verwendet zudem die atomare Energieeinheit Elektronenvolt. So hat das Proton, der Kern des Wasserstoffatoms, mit seinen $1{,}67 \cdot 10^{-27}$ kg die Ruheenergie bzw. „Masse" 938 MeV; 1 MeV (Megaelektronenvolt) ist eine Million eV. Zum Vergleich: Das Elektron kommt mit seinen $9{,}1 \cdot 10^{-31}$ kg gerade mal auf 511 keV d.h. rund 0,5 MeV - das fällt gegenüber der Kernmasse kaum ins Gewicht.

Die Massenzahlen der Atome stehen im Periodensystem über dem Elementsymbol und drücken aus, wie viele Wasserstoffatommasssen die Atome besitzen. Auf den ersten flüchtigen Blick fällt auf, dass viele Massenzahlen nahezu ganze Zahlen sind, als ob die Atomkerne aus lauter Protonen bestehen. Aber die Massenzahlen nehmen schneller zu als die Ordnungszahl und damit die Zahl der positiven Elementarladungen im Kern. So hat das Heliumatom (He) mit der Ordnungszahl 2 die Massenzahl 4, das Kohlenstoffatom (C) mit der Ordnungszahl 6 die Massenzahl 12 und das Sauerstoffatom (O) mit der Ordnungszahl 8 die Massenzahl 16.

Die Lösung: Es gibt neben dem Proton noch einen anderen Kernbaustein, nämlich das Neutron, das im Jahr 1932 auch experimentell nachgewiesen wurde. Das Neutron ist mit 939 MeV praktisch ebenso schwer wie das Proton, aber elektrisch neutral, während das Proton ja eine positive Elementarladung trägt. Alle Atomkerne sind aus Protonen und Neutronen zusammengesetzt, wobei die Ordnungszahl der Anzahl der Protonen entspricht. Die genannten Kerne von Helium, Kohlenstoff und Sauerstoff bestehen jeweils aus gleich vielen Protonen und Neutronen. Bei schwereren Elementen überwiegt die Neutronenzahl: So enthält der Goldkern (Au) mit der Massenzahl 197 neben den 79 Protonen bereits 118 Neutronen.

Was aber hält die Protonen und Neutronen im Kern, d.h. auf einem Raum von nur $10^{-15}$ m überhaupt zusammen? Besonders die positiv geladenen Protonen müssten sich aufgrund der elektrischen Kraft, die bei diesen kurzen Abständen extrem groß wird, heftig abstoßen und sofort auseinanderfliegen. Offenbar wirkt zwischen den Kernbausteinen (in der Fachsprache Nukleonen) noch eine weitere, sehr viel stärkere und anziehende Kraft, die auch keinen Unterschied zwischen Proton und Neutron macht. Diese starken Kernkräfte sind im Alltag nicht zu bemerken, weil sie eine Reichweite von nur $10^{-14}$ m - also knapp über den Kern hinaus - haben.

Betrachtet man nun die Massenzahlen der Elemente etwas näher, so sieht man schnell, dass sie in Wirklichkeit nie genau ganzzahlig und oft sogar sehr krumm sind. Das hat zwei Gründe:

Erstens tritt fast jedes Element in mehreren Isotopen auf, deren Atomkerne eine unterschiedliche Anzahl von Neutronen besitzen. Die Anzahl der Protonen und damit der Elektronen muss aber stets die gleiche sein (nämlich die Ordnungszahl), sonst wäre es ein anderes Element, das sich chemisch anders verhalten würde. Verschiedene Isotope eines Elements sind einfach unterschiedlich schwer. Bereits vom einfachsten Element Wasserstoff gibt es drei Isotope: Beim gewöhnlichen Wasserstoff mit der Massenzahl 1 besteht der Atomkern nur aus einem Proton; beim „schweren Wasserstoff" oder Deuterium (Massenzahl 2) hat der Kern ein Proton und ein Neutron; und bei Tritium (Massenzahl 3) schließlich ist der Kern aus einem Proton und zwei Neutronen zusammengesetzt. Noch ein weiteres Beispiel: Auch Kohlenstoff kommt in drei Isotopen vor, und zwar als (am weitaus häufigsten) C-12 sowie (seltener) C-13 und C-14, bei denen die Atomkerne neben den 6 Protonen jeweils 6, 7 bzw. 8 Neutronen enthalten.

Um den zweiten Grund zu erkennen, muss man etwas rechnen. Nehmen wir z.B. das verbreitetste Helium-Isotop He-4, dessen Kern zwei Protonen und zwei Neutronen besitzt. Zählt man nun die Massen der vier Teilchen zusammen, dann ist die Summe um 28 MeV größer als die Masse von He-4. Wohin ist die fehlende Masse gegangen? Die Antwort: Wenn sich Protonen und Neutronen zu einem Atomkern vereinen, wird Energie frei - wie bei einer chemischen Reaktion, wenn sich Atome zu einem Molekül verbinden. Diese Bindungsenergie ist bei Kernen wegen der starken Kernkräfte aber viel größer und entspricht bei He-4 gerade den 28 MeV. Es wird also Masse direkt in Energie umgewandelt, wie es Einstein mit seiner Masse-Energie-Äquivalenz voraussagte.

Auf die beschriebene Weise lassen sich die Bindungsenergien aller Atomkerne berechnen. Teilt man die Energie dann durch die Anzahl der Nukleonen sprich Protonen und Neutronen, erhält man die mittlere Bindungsenergie eines Nukleons im betreffenden Kern. Dabei stellt man fest: Die mittlere Bindungsenergie pro Nukleon nimmt von den leichten zu den mittelschweren Elementen zu, erreicht bei einer Massenzahl von knapp 60, d.h. in der Gegend von Eisen (Fe) ein Maximum und fällt zu den schwereren Elementen hin wieder allmählich ab. Diesen groben Verlauf konnte Carl Friedrich von Weizsäcker (der Bruder des späteren Bundespräsidenten) im Jahr 1935 theoretisch erklären, indem er den Atomkern als einen Flüssigkeitstropfen auffasste, der allerdings nicht aus Molekülen, sondern aus Protonen und Neutronen besteht.

In einem solchen Tropfen Kernmaterie setzt sich die Bindungsenergie im Wesentlichen aus drei Beiträgen zusammen. Der größte Anteil rührt von den starken Kernkräften, in deren Potential jedes Nukleon die gleiche Energie besitzt. Zweitens haben jedoch die positiv geladenen Protonen noch eine elektrische Energie, deren Wert von ihrem gegenseitigen Abstand abhängt. Die dritte Komponente ist die Oberflächenenergie: Da ein am Rand sitzendes Nukleon von den anderen in den Kern hineingezogen wird, kostet es Arbeit, die Kernoberfläche auszubilden, d.h. in der Oberfläche steckt Energie. Diese Oberflächenenergie begegnet uns auch im Alltag bei gewöhnlichen Flüssigkeiten: Sie ist es, die im Waschbecken zurückbleibendes Wasser zu einzelnen Tropfen zusammenzieht und die zur Erde fallenden Regentropfen so schön rund formt.

Der Verlauf der Bindungsenergien ist bei genauerem Hinsehen aber nicht so glatt wie geschildert. Vor allem bei den leichteren Kernen gibt es vereinzelte Ausreißer mit verhältnismäßig großen Bindungsenergien. Das ist immer dann der Fall, wenn die Protonenzahl oder die Neutronenzahl eine sog. „magische Zahl" ist wie etwa 2, 8 oder 20. Deshalb sind die Kerne der Isotope He-4, O-16 und Ca-40 besonders stabil. Das erinnert an die abgeschlossenen Schalen in der Elektronenhülle. Um es zu erklären, muss man daher den Atomkern quantenmechanisch behandeln. Die starken Kernkräfte erzeugen einen tiefen Potentialtopf von $10^{-14}$ m Breite, in dem sich die Nukleonen bewegen. Die quantenmechanische Rechnung liefert dann wieder die möglichen Energiezustände und einen Satz von Quantenzahlen, d.h. eine Abfolge von Schalen mit bestimmtem Fassungsvermögen. Da das Proton und das Neutron wie das Elektron stets den Spin ½ h besitzen, sind es Fermionen, die mit zunehmender Nukleonenzahl die Energiezustände der Reihe nach von unten nach oben auffüllen. Bei geeignet gewählter Form des Potentialtopfs kommen für abgeschlossene Schalen tatsächlich genau die magischen Zahlen heraus.

Da die mittlere Bindungsenergie pro Nukleon bei mittelschweren Kernen am größten ist, gibt es prinzipiell zwei Möglichkeiten, Kernenergie freizusetzen: durch die Spaltung eines schweren Kerns in zwei mittelschwere Kerne und durch die Fusion (Verschmelzung) zweier leichter Kerne.

Zunächst zur Kernspaltung: Das schwerste auf der Erde vorkommende Element ist Uran (U). Im Jahr 1938 entdeckten Otto Hahn und Friedrich Straßmann, dass sich ein Urankern durch Beschuss mit einem freien Neutron in zwei mittelschwere Kerne spalten lässt, wobei rund 200 MeV Energie frei werden. Da der schwere Urankern mehr Neutronen enthält als die beiden mittelschweren Endprodukte, entstehen außerdem mehrere einzelne Neutronen, die nun ihrerseits weitere Urankerne spalten können. Somit setzt theoretisch eine Kettenreaktion ein - praktisch jedoch in der Regel nicht. Der Grund: Natürliches Uran besteht aus zwei Isotopen, nämlich zu 99,3 % aus U-238 und zu 0,7 % aus U-235, und nur das seltene U-235 lässt sich leicht durch Neutronenbeschuss spalten. Um eine Kettenreaktion auszulösen, muss man das U-235 anreichern. Ab einer kritischen Masse von U-235 setzt die Reaktion explosionsartig ein - das Prinzip einer Atombombe. Für einen Kernreaktor reichert man das U-235 nicht ganz so stark an. Dann muss man die frei werdenden Neutronen aber abbremsen, weil langsame Neutronen viel öfter eine Spaltung bewirken als schnelle. Dazu taucht man die Brennstäbe aus Uran in Wasser: Wenn

Neutronen auf die gleich schweren im Wassermolekül ge-
bundenen Wasserstoffatome stoßen, übertragen sie einen
Großteil ihres Impulses und verlieren dadurch entsprechend Geschwindigkeit - den gleichen Effekt beobachten
wir, wenn eine Billardkugel auf eine andere prallt.

Nun zur Kernfusion: Die ergiebigste Reaktion ist hier
schon die Verschmelzung des leichtesten Elements Wasserstoff zu Helium, zumal dabei der „magische" Kern He-4
entsteht - an Energie werden die bereits oben genannten 28
MeV frei. Das Problem: Die positiv geladenen Protonen des
Wasserstoffs stoßen sich elektrisch ab und müssen sich ir-
gendwie bis auf $10^{-14}$ m nähern, so dass die Kernkräfte greifen. Das geschieht erst bei Temperaturen von mehreren Millionen Grad Celsius, bei denen der Wasserstoff längst als
Plasma aus Protonen und Elektronen vorliegt. Dann haben
die Protonen aufgrund der heftigen Wärmebewegung so
viel kinetische Energie, dass sie das elektrische Potential
überwinden und verschmelzen können. Technisch gelang
die Fusion von Wasserstoff bislang nur in unkontrollierter
Weise in der Wasserstoffbombe, an einer kontrollierten
Nutzung in Reaktoren wird eifrig geforscht. In der Natur
hingegen tritt diese Reaktion milliardenfach auf, nämlich in
den Sternen. So ist auch unsere Sonne im Prinzip ein gewal-
tiger Fusionsreaktor, d.h. die Energie, der wir unser Leben
verdanken, ist letztendlich Kernenergie.

In der Tat lässt sich die Entwicklung und Energiefreiset-
zung von Sternen nur mit Hilfe der Kernphysik verstehen.
Sterne entstehen, wenn sich riesige Wolken aus Wasserstoff
- das bei weitem häufigste Element im Weltall - aufgrund
der Gravitation zusammenziehen. Da die Wasserstoffatome

gleichsam aufeinander zu fallen, verlieren sie potentielle Energie, dafür wird ihre kinetische Energie größer. Eine höhere kinetische Energie der Teilchen bedeutet aber, dass die Temperatur des Gases steigt, und deshalb muss es Wärmestrahlung aussenden. Die Strahlungsenergie zieht die Wolke aus Gravitationsenergie, indem sie sich weiter zusammenzieht. Dadurch werden die Teilchen noch schneller, das Gas erhitzt sich weiter, gibt immer mehr Wärmestrahlung ab und so fort. Die Kontraktion der Wolke würde in einen Gravitationskollaps münden, wenn nicht bei einer Temperatur von einigen Millionen Grad Celsius die Verschmelzung von Wasserstoff zu Helium beginnen und für ein Energiegleichgewicht sorgen würde. Mit dem Zünden der Fusionsreaktion ist der Stern geboren.

Der Wasserstoffvorrat unserer Sonne reicht für rund 10 Milliarden Jahre - derzeit ist sie etwa 4,5 Milliarden Jahre alt. Wenn der Wasserstoff im Stern zur Neige geht, muss das erzeugte He-4 als Kernbrennstoff herhalten und verschmilzt zu höheren Kernen wie C-12 oder O-16. Dabei bläht sich der Stern zu einem Roten Riesen auf - unsere Sonne wird dann sogar die Erde verschlucken. Ist nach weiteren Jahrmillionen auch das Helium weitgehend verbraucht, beendet der Stern sein Leben binnen weniger Stunden oder Tage als Nova oder Supernova: In einem gigantischen Feuerwerk finden zahlreiche weitere Fusionsreaktionen statt, bei denen alle schweren Elemente gebildet werden. Einen Teil seiner Materie stößt der Stern dann als gewaltige Gaswolke in den Weltraum aus. All die schweren Elemente im Universum stammen letztendlich aus dem kurzen und spektakulären Todeskampf von Sternen, und so ist auch unser Sonnensystem aus der Asche eines erloschenen Sterns hervorgegangen.

Die restliche Materie des sterbenden Sterns, die nicht ins All geschleudert wird, fällt nun in einem Gravitationskollaps in sich zusammen. Was von dem Stern übrigbleibt, hängt von seiner ursprünglichen Masse ab. Unsere Sonne wird dann ein winziger, schwach leuchtender Weißer Zwerg sein. Bei Sternen mit 1,5-facher Sonnenmasse wird der Gravitationsdruck so groß, dass sogar die Atome in sich zusammenstürzen: Die Elektronen werden in den Kern gedrückt und vereinigen sich mit den Protonen zu Neutronen. Das Resultat ist ein sehr kompakter Neutronenstern, der nur aus Neutronen besteht, die so dicht gepackt sind wie Kernmaterie. Das bedeutet: Während ein Bleiwürfel von 1 cm Kantenlänge gerade mal 10 Gramm schwer ist, hat ein gleich großer Würfel aus Materie eines Neutronensterns eine Masse von 100 Millionen Tonnen. Hatte schließlich der Stern mehr als zwei Sonnenmassen, geht der Gravitationskollaps noch weiter: Der Stern endet als Schwarzes Loch.

## Radioaktivität: Instabile Atomkerne

Eine wirtschaftliche Nutzung der Kernfusion hätte den großen Vorteil, dass beim Verschmelzen von Wasserstoff nur ungefährliches Heliumgas entsteht. Bei der Kernspaltung hingegen sind sowohl der Ausgangsstoff Uran als auch sämtliche Reaktionsprodukte radioaktiv. Von Radioaktivität spricht man, wenn Atomkerne instabil sind und zerfallen. Das Wort Zerfall ist eigentlich etwas irreführend, weil sich der Kern nur in einen anderen umwandelt und dabei Strahlung aussendet.

Es gibt drei Arten von radioaktiver Strahlung, die man nach den ersten drei Buchstaben des griechischen Alphabets mit $\alpha$ (Alpha), $\beta$ (Beta) und $\gamma$ (Gamma) bezeichnet. $\alpha$- und $\beta$-Strahlung ist Teilchenstrahlung. $\alpha$-Teilchen sind He-4-Kerne, d.h. sie bestehen aus zwei Protonen und zwei Neutronen und sind daher doppelt positiv geladen (tragen zwei positive Elementarladungen). $\beta$-Teilchen sind relativistisch schnelle Elektronen, die sich fast mit Lichtgeschwindigkeit bewegen. $\gamma$-Strahlung schließlich ist sehr energiereiche elektromagnetische Strahlung am kurzwelligen Ende des Spektrums mit Wellenlängen kleiner als $10^{-11}$ m.

$\alpha$-, $\beta$- und $\gamma$-Strahlung kommt in Luft unterschiedlich weit, bevor sie absorbiert wird. So hat $\alpha$-Strahlung in Luft eine Reichweite von nur wenigen Zentimetern, $\beta$-Strahlung schon von etlichen Metern und $\gamma$-Strahlung gar von einigen Kilometern. $\alpha$-Strahlung lässt sich bereits mit einem Blatt Papier abschirmen, für $\beta$-Strahlung benötigt man schon eine dünne Bleiplatte, die jedoch $\gamma$-Strahlung noch mühelos durchdringt. Kürzere Reichweite heißt aber nicht unbedingt geringere Schädlichkeit, sondern bedeutet vielmehr, dass die Strahlung auf dieser kurzen Strecke bereits stark mit der Materie in Wechselwirkung tritt. Wenn man daher einen $\alpha$-strahlenden Stoff einatmet oder verschluckt, können die Folgen fatal sein.

Was passiert aber nun mit den Atomkernen, aus denen die radioaktive Strahlung kommt? Wenn ein Kern ein $\alpha$-

Teilchen aussendet, verliert er vier Nukleonen und zwei positive Elementarladungen. Es entsteht daher ein neuer Kern, dessen Ordnungszahl um 2 niedriger und dessen Massenzahl um 4 kleiner ist. Der $\alpha$-Zerfall ist also eine Elementumwandlung, genauso wie der $\beta$-Zerfall: Wenn ein Elektron den Kern verlässt, bleibt zwar die Kernmasse gleich groß, aber da das Elektron eine negative Elementarladung mitnimmt, muss sich ein Neutron in ein positiv geladenes Proton verwandeln. Der neue Kern hat hier demnach eine um 1 höhere Ordnungszahl und die gleiche Massenzahl. Die ungeladene und masselose $\gamma$-Strahlung ändert den Kern nicht, sondern tritt meist im Gefolge eines $\alpha$- oder $\beta$-Zerfalls auf. Denn der Tochterkern befindet sich oft zunächst in einem angeregten Zustand, aus dem er durch Aussendung eines $\gamma$-Quants in den Grundzustand übergeht. Da die Zustände im Atomkern noch tausendmal größere Energien haben als die der inneren Elektronenschalen, liegt die Energie der Photonen im MeV-Bereich, was der Wellenlänge von Gammastrahlung entspricht.

Stabile Atomkerne haben nur die Elemente bis Blei (Pb) und Wismut (Bi), d.h. bis zu den Ordnungszahlen 82 bzw. 83. Alle schwereren Kerne sind radioaktiv. So geht das Isotop Ra-226 des Erdalkalimetalls Radium über einen $\alpha$-Zerfall in das Isotop Rn-222 des Edelgases Radon über, und auch das schwerste auf der Erde vorhandene Isotop U-238 unterliegt einem $\alpha$-Zerfall in das Thorium-Isotop Th-234. Die Tochterkerne sind jeweils wieder radioaktiv. Deshalb treten bei den Elementen mit Ordnungszahlen höher als 83 ganze Zerfallsreihen auf, bis nach einer Kette von $\alpha$- und $\beta$-Zerfällen ein stabiles Blei- oder Wismut-Isotop erreicht ist.

Die superschweren Elemente jenseits des Urans mit Ordnungszahlen größer als 92 - die sog. Transurane kommen auf der Erde natürlich nicht vor. Sie lassen sich zwar im Labor durch Teilchenbeschuss künstlich herstellen, zerfallen aber sehr rasch wieder in leichtere Elemente (die Massenzahlen in Klammern geben das langlebigste Isotop an).

Aber auch bei den Elementen mit Ordnungszahlen bis 83 gibt es radioaktive Isotope. Das sind solche mit einem hohen Neutronenanteil, die mittels β-Zerfall eines dieser Neutronen in ein Proton umwandeln und dadurch einen stabilen Kern erhalten. So geht das Wasserstoff-Isotop Tritium (H-3) in das Helium-Isotop He-3, das Kohlenstoff-Isotop C-14 in das Stickstoff-Isotop N-14 über. Selbst freie Neutronen unterliegen dem β-Zerfall: Sie wandeln sich unter Aussendung von Elektronen in Protonen um - nur in Atomkerne eingebaute Neutronen können stabil sein.

Warum aber gibt es überhaupt instabile Atomkerne? Ein radioaktiver Zerfall tritt immer dann auf, wenn der Endzustand sprich die Endprodukte energetisch günstiger sind als der Ausgangskern. Da das $\alpha$-Teilchen als He-4-Kern eine hohe Bindungsenergie besitzt, ist beim $\alpha$-Zerfall die Bindungsenergie von Tochterkern und $\alpha$-Teilchen zusammen größer als die des Mutterkerns. Beim β-Zerfall ändert sich die Zahl der Nukleonen nicht. Deshalb gibt es für jede Nukleonenzahl stets nur ein stabiles Isotop, nämlich das mit der höchsten Bindungsenergie. Das freie Neutron hat zwar nur eine um 1 MeV größere Ruheenergie als das Proton, aber das genügt, um ein Elektron der Ruheenergie 0,5 MeV zu erzeugen - der Rest verteilt sich als kinetische Energie auf die entstandenen Teilchen.

Wenn ein radioaktiver Zerfall energetisch möglich ist, heißt das noch lange nicht, dass sich alle Kerne sofort spontan umwandeln. Vielmehr zerfällt jeder Kern des Isotops mit einer charakteristischen Wahrscheinlichkeit - so wie wir es von quantenmechanischen Übergängen kennen. Für eine gewisse Stoffmenge des Isotops, die sehr viele Atome enthält, ergibt sich daraus statistisch eine gleichmäßige Aktivität. Die Aktivität einer radioaktiven Quelle wird in Zerfallen pro Sekunde angegeben - diese Einheit bezeichnet man auch kurz als Becquerel (Bq). Beispiel: 1 Gramm Ra-226 hat die Aktivität $3{,}7 \cdot 10^{10}$ Bq, d.h. in jeder Sekunde zerfallen 37 Milliarden Radiumkerne (und senden entsprechend viele $\alpha$-Teilchen aus).

Da sich mit der Zeit immer mehr Kerne umgewandelt haben, nimmt die Aktivität der Stoffmenge allmählich ab. Der Verlauf der Aktivität folgt dabei streng einem Exponentialgesetz: Nach immer gleichen Zeitintervallen halbiert sich die Aktivität sprich die Anzahl der radioaktiven Kerne, wobei diese Halbwertszeit wiederum charakteristisch für das betreffende Isotop ist. Für Ra-226 beträgt die Halbwertszeit 1580 Jahre. Das schwerste radioaktive Isotop U-238 gibt es nur deshalb noch auf der Erde, weil seine Halbwertszeit mit 4,5 Milliarden Jahren dem Alter der Erde entspricht. Weitere Beispiele: C-14 hat eine Halbwertszeit von 5570 Jahren, Tritium von rund 12 Jahren und freie Neutronen von nur gut 10 Minuten.

Dass eine Kernumwandlung mit einer Wahrscheinlichkeit verbunden ist, lässt sich beim $\alpha$-Zerfall schön verstehen. Normalerweise haben die Nukleonen im Kern nicht genügend Energie, um den Potentialtopf der Kernkräfte zu verlassen. Wenn sich jedoch zwei Protonen und zwei Neutronen zu einem $\alpha$-Teilchen vereinen, werden sie um dessen Bindungsenergie angehoben. Das genügt aber immer noch nicht, um über den Rand des Potentialtopfs zu gelangen. Hier kommt das elektrische Potential der verbliebenen Protonen zu Hilfe, das die Wand des Potentialtopfs oben so dünn macht, dass das $\alpha$-Teilchen durch sie hindurch tunneln kann. Ein Tunneleffekt hat jedoch stets eine bestimmte Wahrscheinlichkeit: Je dünner der Potentialwall, desto leichter kann ihn das $\alpha$-Teilchen durchdringen, d.h. desto geringer ist die Halbwertszeit des betreffenden Isotops.

Weit interessanter ist die genaue Untersuchung des $\beta$-Zerfalls, weil er gleich eine ganze Reihe grundlegender physikalischer Fragen aufwirft. Wenn bei einem radioaktiven Zerfall ein ruhender Kern ein Teilchen aussendet, sind durch Energie- und Impulserhaltungssatz die kinetischen Energien von Tochterkern und Teilchen festgelegt, wobei die genauen Werte von der beim Zerfall freiwerdenden Energie abhängen. Und tatsächlich misst man beim $\alpha$-Zerfall eines bestimmten Isotops für die $\alpha$-Teilchen immer die gleiche Energie. Ganz anders beim $\beta$-Zerfall: Hier können die ausgesandten Elektronen beliebige Energien zwischen null und der beim Zerfall freiwerdenden Energie haben. Um Energie- und Impulserhaltungssatz zu retten, postulierte daher Wolfgang Pauli im Jahr 1930, dass beim $\beta$-Zerfall noch ein weiteres Teilchen entsteht, das elektrisch neutral und sehr leicht ist, und nannte es Neutrino. Dann verwandelt sich beim $\beta$-Zerfall ein Neutron in ein Proton und ein Elektron in ein Neutrino, und die freiwerdende Energie kann sich beliebig auf die drei Teilchen verteilen.

Das Neutrino wurde später tatsächlich experimentell nachgewiesen. Dazu waren sehr aufwendige und raffinierte Versuchsaufbauten notwendig, weil das Neutrino praktisch keine Ruhemasse besitzt und als elektrisch neutrales Teilchen kaum mit Materie wechselwirkt. In der Tat handelt es sich beim Neutrino um ein geradezu geisterhaftes Teilchen: Es zählt zur Materie, ist jedoch masselos und ungeladen, also eigentlich ein Nichts, aber dennoch eine winzige Energiemenge mit einem Spin ½ h wie das Elektron, die mit Lichtgeschwindigkeit durch den Raum saust.

Das beim β-Zerfall des Neutrons entstehende Neutrino ist genau genommen ein Antineutrino, weil es in Wirklichkeit zur Antimaterie gehört. Die Entdeckung der Antimaterie ist ein weiteres interessantes Stück Physikgeschichte: Als Paul Dirac im Jahr 1928 einen relativistischen quantenmechanischen Ansatz für das Elektron durchrechnete, kam er auf vier Lösungen: zwei mit der Ruheenergie des Elektrons und den beiden Spineinstellungen +½ und -½ sowie zwei mit der negativen Ruheenergie für die beiden Spins. Die negative Lösung deuteten die Physiker als das Antiteilchen des Elektrons und bezeichneten es als Positron: Es hat die gleiche Masse wie das Elektron, aber statt einer negativen eine positive Elementarladung.

Da die Energien des Elektrons und des Positrons entgegengesetzt gleich groß sind, müsste es im Prinzip möglich sein, selbst im Vakuum aus purer Energie, die mindestens so groß ist wie die doppelte Ruheenergie des Elektrons (2-mal 511 keV, also gut 1 MeV), ein Elektron-Positron-Paar zu erzeugen. Solche Paarerzeugungen wurden im Jahr 1932 tatsächlich beobachtet: Wenn ein entsprechend energiereiches Photon ($\gamma$-Quant) aus dem Weltraum auf Materie trifft, bilden sich aus ihm gelegentlich ein Elektron und ein Positron. Nicht nur zum Elektron, auch zum Proton und zum Neutron gibt es ein Antiteilchen. So besitzt das Antiproton die gleiche Masse wie das Proton, trägt aber eine negative Elementarladung. Im Jahr 1995 gelang es den Physikern sogar, Antiwasserstoff herzustellen, dessen Atome aus einem Antiproton und einem Positron bestehen.

Positronen entstehen aber auch beim umgekehrten $\beta$-Zerfall. Während sich beim gewöhnlichen $\beta^-$-Zerfall ein Neutron in ein Proton, ein Elektron und ein Antineutrino umwandelt, wird beim sog. $\beta^+$-Zerfall aus einem Proton ein Neutron, ein Positron und ein Neutrino. Solche $\beta^+$-Zerfälle finden etwa bei der Fusion von Wasserstoff zu Helium statt: Wenn sich nämlich vier Wasserstoffkerne sprich Protonen zu einem Heliumkern sprich $\alpha$-Teilchen vereinen, müssen dabei zwei Protonen in Neutronen übergehen. Unsere Sonne produziert daher ständig Unmengen von Positronen und Neutrinos. Diese Neutrinos prasseln auch auf uns herab, aber als nur schwach wechselwirkende Teilchen durchdringen fast alle ungehindert unseren Körper und sogar die ganze Erde, ohne irgendeinen Schaden anzurichten. Die Positronen hingegen kommen nicht sehr weit: Sobald Materie und Antimaterie aufeinandertreffen, zerstrahlen sie vollständig. Stößt daher ein Positron auf ein Elektron, vernichten sie sich gegenseitig, und es entstehen zwei $\gamma$-Quanten, die jeweils die Ruheenergie des Elektrons (511 keV) besitzen und in entgegengesetzter Richtung davonfliegen. Da es überall vor Elektronen nur so wimmelt, gehen die Positronen alle noch innerhalb der Sonne zugrunde.

Die Paarvernichtung von Teilchen und Antiteilchen wäre die bei weitem ergiebigste Energiequelle. Zum Vergleich will ich im Folgenden für einige Elementarprozesse die verfügbaren Energien angeben. Gewöhnliche Wärmeenergie nimmt sich hier recht bescheiden aus: Für ein Luftmolekül bei der Zimmertemperatur $T = 300$ K ($27$ °C) berechnet man mit der Boltzmann-Konstante k eine mittlere Energie von $0{,}065$ eV. Einiges mehr bringen schon chemische Bindungsenergien, wie etwa bei der sog. Knallgasreaktion: Zündet man ein Gasgemisch aus Wasserstoff und Sauerstoff an, verbrennt es explosionsartig zu Wasserdampf - in abgemilderter Form findet diese Reaktion in Brennstoffzellen statt. Dabei werden pro Wassermolekül $2{,}5$ eV frei. Mehr als das Millionenfache liefert die Fusion von Wasserstoff zu Helium, nämlich pro Heliumkern die bereits mehrfach genannten $28$ MeV. Bei der gegenseitigen Vernichtung eines Protons und eines Antiprotons schließlich wird deren gesamte Ruheenergie freigesetzt - das sind rund $2000$ MeV.

Unser Universum besteht jedoch fast ausschließlich aus normaler Materie. Da aber Materie und Antimaterie physikalisch völlig gleichberechtigt sind und bei einer Begegnung sofort zerstrahlen, stellt sich ohnehin die grundlegende Frage: Warum gibt es überhaupt Materie? Oder anders gesprochen: Warum überwiegt im Weltall die Materie in so hohem Maße gegenüber der Antimaterie? Diese krasse Asymmetrie hängt möglicherweise mit zwei anderen großen Asymmetrien der Natur zusammen:

Die eine Asymmetrie betrifft die Helizität („Schraubigkeit") von Neutrinos. Wenn bei einem Teilchen der Spin, der ja den Drall sprich die Eigendrehung definiert, in Flugrichtung zeigt, spricht man von einer Rechtsschraube. Die Namengebung rührt daher, dass auch beim Festdrehen einer handelsüblichen Schraube der Drehsinn und die Vorwärtsbewegung zueinander in Beziehung stehen. Sind dagegen Spin und Geschwindigkeit des Teilchens entgegengesetzt gerichtet, handelt es sich um eine Linksschraube. Da die beiden Spinrichtungen die gleiche Wahrscheinlichkeit haben, sollte man bei jeder Teilchensorte gleich häufig Links- und Rechtsschrauben antreffen. Aber Neutrinos mit ihrem Spin ½ h machen da eine große Ausnahme: Während Antineutrinos grundsätzlich als Rechtsschrauben auftreten, sind Neutrinos stets Linksschrauben. Das ist - etwas überspitzt ausgedrückt- so, als hätten alle Menschen zwei linke Hände.

Die andere Asymmetrie ist die Zeitrichtung. Die Zeit läuft immer vorwärts (von der Vergangenheit in die Zukunft), obwohl die meisten physikalischen Gesetze auch die umgekehrte Zeitrichtung erlauben. Nun hängt die Zeit (über die Erhaltungssätze und die Unschärferelationen) mit der Energie zusammen, die quantenmechanisch der Frequenz von Materiewellen entspricht, d.h. deren zeitlichen Schwingungsverhalten. Antiteilchen haben nach Dirac formal eine negative Energie. Doch als real existierende Teilchen müssen sie eine positive Ruheenergie besitzen, was nur möglich ist, wenn sie sich dafür in der Zeit rückwärts bewegen. Mit anderen Worten: Wird ein Antiteilchen erzeugt, stirbt es in Wirklichkeit, und bei seiner Vernichtung wird es eigentlich geboren - dazwischen läuft die Zeit für das Antiteilchen im Vergleich zu unseren Uhren rückwärts.

Damit lässt sich der β-Zerfall sehr elegant mit zwei Teilchenströmen erklären. Beim β⁻-Zerfall stammt das Neutron aus der Vergangenheit und wird für die Zukunft zu einem Proton. Zugleich nähert sich aus der Zukunft ein Antineutrino und geht als Elektron in die Zukunft zurück. Beim β⁺-Zerfall verwandelt sich das bisherige Proton in ein künftiges Neutron, und das aus der Zukunft kommende Positron kehrt als Neutrino dorthin zurück. Während die Zeitrichtung makroskopisch durch die Thermodynamik über die Entropie sprich irreversible Vorgänge festgelegt ist, folgt die Zeitrichtung mikroskopisch schlicht aus der Tatsache, dass unsere Welt aus Materie besteht.

## Quarks: Das Standardmodell der Teilchenphysik

Unsere Materie setzt sich aus nur drei Bausteinen zusammen: den Protonen und Neutronen des Atomkerns und den Elektronen der Atomhülle. Die Kernphysik zeigt, dass es daneben noch andere Teilchen gibt wie das Neutrino und auch Antiteilchen wie das Positron. Aber das ist längst nicht alles.

Im Laufe des 20. Jahrhunderts bauten die Physiker immer größere Teilchenbeschleuniger. In diesen oft kilometerlangen Anlagen werden geladene Teilchen wie Protonen oder ganze Ionen im Vakuum durch mehrfaches Durchlaufen einer Hochspannung auf extrem hohe Geschwindigkeiten gebracht und dann auf Materie geschossen. Beim Aufprall können sich aus der kinetischen Energie E der Teilchen nach Einsteins Formel $E = m \cdot c^2$ weitere Teilchen der Masse m bilden. Auf diese Weise fanden die Physiker einen ganzen Zoo neuer Elementarteilchen, die allerdings alle instabil sind und binnen kurzer Zeit zerfallen. Das Sammelsurium an Teilchen erscheint auf den ersten Blick ebenso unübersichtlich wie die Vielzahl von chemischen Verbindungen. Aber so wie es dort gelang, mit dem Periodensystem der Elemente eine Ordnung in die Stoffe der Natur zu bringen, lassen sich auch die verschiedenen Teilchenarten in Klassen einteilen und größtenteils sogar auf noch elementarere Bausteine zurückführen.

Die leichten Teilchen Elektron und Neutrino mit ihren Antiteilchen Positron und Antineutrino fasst man als Leptonen zusammen. Es gibt aber noch zwei weitere Generationen von Leptonen, die jeweils aus einem einfach negativ geladenen Teilchen (Myon bzw. Tauon) und einem Neutrino sowie deren Antiteilchen bestehen. Das Myon haben wir bereits bei der Relativitätstheorie kennengelernt: Es hat eine rund 200-mal größere Masse als das Elektron und zerfällt mit einer Halbwertszeit von 1,5 µs in ein Elektron, ein myonisches Neutrino und ein elektronisches Antineutrino. Obwohl die Neutrinosorten alle masselos sind, lassen sie sich physikalisch unterscheiden: Schießt man ein elektronisches Neutrino auf ein Neutron, kann in einer modifizierten β-Zerfallsreaktion ein Proton und ein Elektron entstehen. Nimmt man dazu ein myonisches Neutrino, kommt statt des Elektrons ein Myon heraus. Sämtliche Leptonen haben den Spin ½ h, wobei alle Neutrinos stets Linksschrauben sind und alle Antineutrinos nur als Rechtsschrauben auftreten.

Die schweren Teilchen Proton und Neutron (und ihre Antiteilchen) gehören zu den Baryonen, von denen es viele gibt. Experimente deuten darauf hin, dass die Baryonen noch eine innere Struktur haben. Aufgrund dieser Hinweise und zur Erklärung der großen Zahl von Baryonen stellte Murray Gell-Mann im Jahr 1963 die Hypothese auf, dass Baryonen aus noch elementareren Teilchen aufgebaut sind, die er Quarks nannte. Die Quarkhypothese hat bis heute sämtliche experimentelle Tests bestanden und gilt daher als gesichert. Demnach bestehen Protonen und Neutronen aus zwei Quarksorten, die man mit u („up") und d („down") bezeichnet. Quarks tragen nur drittelzahlige Bruchteile der Elementarladung e. So hat das u-Quark die Ladung $+2/3$ e und das d-Quark $-1/3$ e. Daher setzt sich das Proton aus zwei u- und einem d-Quark (uud) zusammen, das Neutron hingegen aus einem u- und zwei d-Quarks (udd). Wenn beim $\beta^-$-Zerfall ein Neutron in ein Proton übergeht, verwandelt sich in Wirklichkeit ein d- in ein u-Quark. Zum u- und d-Quark gibt es auch die entsprechenden Antiquarks $\bar{u}$ und $\bar{d}$. Das $\bar{u}$-Quark trägt die Ladung $-2/3$ e und das $\bar{d}$-Quark $+1/3$ e. Aus diesen Antiquarks bestehen ganz analog die Antiteilchen von Proton und Neutron: Das Antiproton ist $\bar{u}\bar{u}\bar{d}$, das Antineutron $\bar{u}\bar{d}\bar{d}$.

Quarks haben stets den Spin ½ h. Da auch Proton und Neutron den Spin ½ h besitzen, müssen die Spins von zwei ihrer drei Quarks entgegengesetzt gerichtet sein. Es wurden auch Baryonen mit dem Spin $3/2$ h entdeckt, bei denen dann die Spins aller drei Quarks gleich gerichtet sind. Das sind die etwas schwereren $\Delta$-Teilchen ($\Delta$ ist der griechische Buchstabe „Delta"), von denen es sogar vier Stück gibt, nämlich $\Delta^{++}$ (uuu), $\Delta^+$ (uud), $\Delta^0$ (udd) und $\Delta^-$ (ddd).

Die Existenz des $\Delta^{++}$-Teilchens (wie der anderen $\Delta$-Teilchen) gibt quantenmechanisch ein Rätsel auf. Da Quarks wegen ihres Spins ½ h Fermionen sind, müssen sie dem Pauli-Prinzip gehorchen, das identischen Teilchen den gleichen Zustand verbietet. Deshalb dürften eigentlich im $\Delta^{++}$-Teilchen die drei u-Quarks nicht die gleiche Spinrichtung haben (im Proton können die Spins der beiden u-Quarks entgegengesetzt gerichtet sein). Der Ausweg: Quarks besitzen neben Masse, Ladung und Spin noch eine weitere fundamentale Eigenschaft. Zu deren Beschreibung liehen sich die Teilchenphysiker Begriffe aus der Optik und tauften die neue Eigenschaft „Farbe": Quarks können sich in den drei Farbzuständen rot, grün und blau befinden. Diese drei verschiedenen Farben müssen die u-Quarks des $\Delta^{++}$-Teilchens tragen, um das Pauli-Prinzip zu erfüllen.

Wie in der Optik ergeben auch hier die drei Farben rot, grün und blau zusammen weiß, d.h. ihre Mischung ist farblos. Die Antiquarks treten in den entsprechenden Komplementärfarben antirot, antigrün und antiblau auf, die zusammen ebenfalls farblos erscheinen. Schließlich führt auch die Mischung einer Farbe und ihrer Komplementärfarbe - also etwa rot und antirot - zu einem farblosen Zustand. Die zentrale Aussage der Teilchenphysik lautet nun: Freie sprich beobachtbare Teilchen sind stets farblos. Das bedeutet zweierlei: Erstens müssen die drei Quarks eines Baryons grundsätzlich die drei verschiedenen Farben rot, grün und blau haben (bei einem Antibaryon die drei Komplementärfarben). Und zweitens sind die farbigen Quarks mit ihren drittelzahligen Ladungen nie einzeln anzutreffen, sondern immer in Teilchen gebunden. Die Elementarladung bleibt die kleinste messbare Ladungseinheit, und Farbzustände lassen sich nicht direkt beobachten.

Zwischen den Baryonen und den Leptonen gibt es noch eine weitere Klasse mittelschwerer Elementarteilchen, die Mesonen heißen. Während Leptonen und Baryonen einen halbzahligen Spin (½ h oder ³/₂ h) haben, ist der Spin von Mesonen ganzzahlig (0 oder h). Mesonen sind daher aus zwei Quarks aufgebaut, deren Spins ½ h entweder entgegengesetzt (Gesamtspin 0) oder gleich gerichtet (Gesamtspin h) sind. Damit Mesonen farblos erscheinen, müssen sie aus einem Quark und einem Antiquark in der Komplementärfarbe bestehen. Die leichtesten und häufigsten Mesonen sind die $\pi$-Mesonen oder kurz Pionen ($\pi$ ist der griechische Buchstabe „Pi"), die den Spin 0 haben und in drei Varianten auftreten: $\pi^+$ (ud̄), $\pi^0$ (uū und dd̄), $\pi^-$ (dū). Da $\pi^0$-Mesonen ein Quark und das zugehörige Antiquark enthalten, zerstrahlen sie folgerichtig sehr schnell in zwei $\gamma$-Quanten.

Baryonen und Mesonen, die beide aus Quarks aufgebaut sind, bezeichnet man zusammengefasst als Hadronen. Als zunehmend größere Teilchenbeschleuniger auch höhere Teilchenenergien lieferten, wurden immer mehr und immer schwerere Hadronen entdeckt. Deren Aufbau lässt sich nur erklären, wenn es neben den Quarks u und d noch zwei weitere Generationen gibt, denen ebenfalls jeweils zwei allerdings zunehmend schwerere Quarks (und ihre Antiquarks) angehören. In der zweiten Generation sind das die beiden Quarks c („charm") mit der Ladung $+\frac{2}{3}$ e und s („strange") mit der Ladung $-\frac{1}{3}$ e. In der dritten Generation erhielt das Quark mit der Ladung $+\frac{2}{3}$ e das Kürzel t („top" oder „truth"), und das mit der Ladung $-\frac{1}{3}$ e heißt b („bottom" oder „beauty"). Wie die Leptonen lassen sich also auch die Quarks nach heutigem Wissensstand in drei Generationen einteilen.

Dieses Standardmodell der Elementarteilchen hat sich in den vergangenen vierzig Jahren hervorragend bewährt und alle Teilchenexperimente nicht nur erklärt, sondern teilweise sogar vorausgesagt. Erst in den letzten Jahren mehren sich die Anzeichen dafür, dass das Standardmodell modifiziert oder erweitert werden muss. So weisen jüngste Untersuchungen der Sonnenneutrinos darauf hin, dass Neutrinos doch eine wenn auch sehr winzige Ruhemasse besitzen - wie man es von materiellen Teilchen eigentlich auch erwartet. Das bedeutet aber, dass sie sich nicht mit Lichtgeschwindigkeit bewegen. Daraus folgt wiederum, dass ein Neutrino von einem anderen Teilchen überholt werden kann. In dessen Bezugssystem ist das Neutrino dann jedoch keine Linksschraube mehr, sondern eine Rechtsschraube, weil sich zwar seine Bewegungsrichtung umkehrt, der Spin als Drehsinn aber der gleiche bleibt. Damit würde die Asymmetrie in der Helizität der Neutrinos - eine der Grundannahmen des Standardmodells - nicht mehr generell gelten.

# Wechselwirkungen: Die Grundkräfte der Natur

Die vielfältigen Kräfte, die in der Natur auftreten, müssen sich auf Kräfte zwischen den kleinsten Teilchen zurückführen lassen. Tatsächlich gibt es nur vier fundamentale Wechselwirkungen, aus denen sich alle Kräfte ableiten.

Welche sind diese vier fundamentalen Wechselwirkungen? Das ist als erstes die Gravitation, die dominierende Kraft im Weltall. Als zweites die elektromagnetische Wechselwirkung, die nicht nur die Atome zusammenhält, sondern auch für die chemischen Bindungen und damit für die Eigenschaften der Körper und Stoffe verantwortlich ist. Drittens gibt es die sog. starke Wechselwirkung, die in Form von Kernkräften die Nukleonen im Atomkern einsperrt und letztendlich die Quarks in den Hadronen zusammenschweißt. Im Gegensatz dazu bezeichnet man die vierte Kraft als schwache Wechselwirkung: Sie treibt alle Teilchenreaktionen an, die von der Art eines $\beta$-Zerfalls sind.

Die miteinander wechselwirkenden kleinsten Bausteine der Materie - Quarks und Leptonen - sind wegen ihres Spins ½ h alle Fermionen. Damit sie an einer bestimmten Wechselwirkung teilnehmen können, müssen sie eine passende Eigenschaft besitzen, die einerseits ein betreffendes Feld erzeugt und andrerseits auf ein solches Feld reagiert. Für die Gravitation ist diese Eigenschaft die Masse des Teilchens: Während die Masse um sich ein Gravitationsfeld aufbaut, greift zugleich jedes Gravitationsfeld an der Masse an. Die entsprechende Eigenschaft für die elektromagnetische

Wechselwirkung ist die elektrische Ladung, die sich mit einem elektrischen und - falls sie sich bewegt - mit einem magnetischen Feld umgibt und umgekehrt in elektromagnetischen Feldern Kräfte erfährt. Ursache für die starke Wechselwirkung zwischen Quarks ist ihre Farbe. Damit bekommt diese zunächst formal eingeführte Eigenschaft eine physikalische Bedeutung: Der Physiker spricht in Analogie zum Elektromagnetismus von „Farbladung". Die Kernkräfte zwischen den Nukleonen sind gleichsam nur Ausläufer der starken Wechselwirkung zwischen den farbigen Quarks. Eine Teilcheneigenschaft für die schwache Wechselwirkung auszumachen, erweist sich als schwierig. Jedenfalls wird auch hier die Teilchenumwandlung durch ein Feld vermittelt.

Die Wechselwirkungsfelder bestehen quantenmechanisch betrachtet aus Feldquanten. In diesem Teilchenbild kommen die Kräfte zwischen Fermionen dadurch zustande, dass sie untereinander solche Feldquanten austauschen. Die Wechselwirkungsteilchen sind alle Bosonen. Für die elektromagnetische Wechselwirkung kennen wir das Feldquant bereits: Es ist das Photon. Für die Gravitation postuliert man Gravitonen, die ebenfalls masselos sind und sich mit Lichtgeschwindigkeit ausbreiten. So wie die Photonen auch die Quanten der elektromagnetischen Strahlung sind, sollen die Gravitonen die Quanten der Gravitationswellen sein.

Die starke Wechselwirkung zwischen den farbigen Quarks erfolgt über den Austausch von Gluonen. Dabei werden die Quarks ständig umgefärbt: Damit z.B. ein rotes Quark grün wird, muss es ein Gluon aussenden, das die rote Farbladung und zugleich eine antigrüne Farbladung mitnimmt. Wenn dann ein grünes Quark dieses Gluon absorbiert, wird es in Rot umgefärbt. Da die Farbkombination rot und antigrün nicht weiß ergibt, ist das Gluon selbst farbig. Deshalb gibt es keine freien Gluonen, sie können nur innerhalb der Hadronen kurzzeitig existieren.

Für die schwache Wechselwirkung fordert die Theorie als Austauschteilchen gleich drei Bosonen namens $W^+$, $W^-$ und $Z^0$. So verwandelt sich beim $\beta^-$-Zerfall ein d-Quark in ein u-Quark, indem es ein $W^-$-Boson abgibt. Wenn ein Antineutrino dieses $W^-$-Boson aufnimmt, wird es zu einem Elektron. Es war ein großer Erfolg des Standardmodells, als die drei vorausgesagten Bosonen $W^+$, $W^-$ und $Z^0$ gegen Ende des 20. Jahrhunderts alle experimentell nachgewiesen wurden.

Die Masse der Austauschteilchen oder Feldquanten bestimmt die Reichweite der zugehörigen Wechselwirkung. Da Photonen und Gravitonen keine Ruhemasse besitzen, wirken elektromagnetische und Gravitationskräfte im Prinzip unendlich weit. Die drei Bosonen der schwachen Kraft hingegen haben Massen von weit über tausend MeV, was die schwache Wechselwirkung auf die unmittelbare Umgebung der Fermionen beschränkt.

So wie man sich die Wechselwirkungsfelder als teilchenartige Feldquanten vorstellen kann, lassen sich den miteinander wechselwirkenden Quarks und Leptonen umgekehrt Felder zuordnen. Denn ein materielles Teilchen ist aus quantenmechanischer Sicht eine Materiewelle, und eine Welle, die für jeden Ort des Raumes eine Amplitude angibt, lässt sich formal als Feld auffassen. Jedes Teilchen stellt daher zunächst ein Materiefeld dar, und das beobachtete Teilchen an sich ist das Quant dieses Feldes. Selbst das Vakuum ist von Materiefeldern erfüllt, denn nur so lässt sich die Paarerzeugung eines Teilchens und eines Antiteilchens aus dem Nichts erklären. Normalerweise bilden die Materiefelder des Vakuums keine Quanten sprich Teilchen aus, aber im Vakuum steckt Energie (nämlich die der Materiefelder), aus der sich unter Umständen Teilchen materialisieren können. Man kann sogar so weit gehen zu sagen, dass hinter unserer Welt letztendlich ein allumfassendes quantenmechanisches Feld liegt, d.h. dass alle Dinge dieser Welt auf eine verborgene Weise miteinander verbunden sind. Dann gibt es ursprünglich nur quantenmechanische Felder, und die Materie wäre nichts weiter als eine Art Schlacke.

In unserem Alltag und gewöhnlich auch in der Physik erscheint Materie aber als etwas sehr Reales, das auf vielfältige Weise wechselwirkt. Die Wechselwirkungen der Materie beschreiben die Physiker makroskopisch durch Naturgesetze, in denen fundamentale Naturkonstanten auftauchen. Diese Naturkonstanten, die wir im Verlauf des Buches nach und nach kennengelernt haben, spiegeln die verschiedenen Teilbereiche der Physik wider. Es sind die Gravitationskonstante G (Mechanik), die Boltzmann-Konstante k (Thermodynamik), die Elementarladung e (Elektromagnetismus), die Lichtgeschwindigkeit c (Relativitätstheorie) und die Planck'sche Konstante h (Quantenmechanik).

Interessant ist nun, dass die Naturkonstanten fein aufeinander abgestimmt sind. Das heißt: Hätten die Naturkonstanten nur geringfügig andere Werte, könnte unsere Welt, so wie wir sie kennen, überhaupt nicht existieren. Dann gäbe es z.B. keine stabilen Atome geschweige denn Materie oder gar Leben. Es ist für uns also ein außerordentlicher Glücksfall, dass die Naturkonstanten genau diese Werte aufweisen. Physiker glauben aber nicht an solche unerhörten Zufälle. So könnte die Feinabstimmung der Naturkonstanten drei verschiedene Gründe haben.

Erstens: Es gibt eine bisher unbekannte und viel umfassendere physikalische Theorie, aus der sich die Werte der Naturkonstanten zwangsläufig ergeben sprich herleiten lassen. Zweitens: Es gibt neben unserem Universum unendlich viele Paralleluniversen, in denen die Naturkonstanten alle möglichen Werte annehmen. Die meisten dieser Universen sind öd und leer, weil sie keine Materie hervorbringen können. Und drittens: Es gibt irgendwelche intelligente Wesen in höheren Dimensionen, die unsere dreidimensionale Welt wie eine großartige Simulation geschaffen und dabei die Naturkonstanten genau so eingestellt haben, dass sich Leben entwickeln kann. Religiöse Menschen würden ein solches Wesen als Gott bezeichnen.

## Weltmodelle: Der physikalische Schöpfungsakt

Die Frage nach dem Ursprung unserer Welt hat die Menschen seit jeher umgetrieben und drückt sich in allen Religionen durch Schöpfungsmythen aus. Die Mehrzahl der

Physiker glaubt heutzutage, dass unser Universum im sog. Urknall entstanden ist.

Den Anstoß zur Urknalltheorie gab Edwin Hubble im Jahr 1929, nachdem er das Licht zahlreicher Galaxien systematisch analysiert hatte. Unser Universum enthält rund 100 Milliarden Galaxien ähnlich unserer Milchstraße, die wiederum jeweils aus etwa 100 Milliarden Sternen bestehen. Hubble stellte fest, dass die Lichtspektren aller etwas weiter weg gelegenen Galaxien eine starke Rotverschiebung aufweisen. So liegen z.B. die Absorptionslinien des Wasserstoffs bei deutlich größeren Wellenlängen, als man sie auf der Erde misst. Je weiter eine Galaxie von unserer Milchstraße entfernt ist, desto größer ist diese Rotverschiebung.

In der bisherigen Physik gibt es nur einen Effekt, der derart starke Rotverschiebungen hervorrufen kann, nämlich den Doppler-Effekt. Die Physiker deuteten daher die Rotverschiebung so, dass sich alle Galaxien von uns weg bewegen, und zwar umso schneller, je weiter sie von uns entfernt sind. Auch für einen fiktiven Beobachter in einer anderen Galaxie fliegen sämtliche Galaxien auf die gleiche Weise auseinander. Verfolgt man diese Bewegung in der Zeit rückwärts, dann rücken die Galaxien immer näher zusammen, bis sie sich vor 13,7 Milliarden Jahren in einem Punkt vereinen. Mit anderen Worten: Die gesamte Masse, Strahlung und Energie unseres Universums war ursprünglich in einem nahezu punktförmigen Gebilde konzentriert, das vor 13,7 Milliarden Jahren explodierte - im Urknall.

Beim Urknall wurde zunächst nur eine gigantische Energiemenge von extrem hoher Dichte freigesetzt. Während sie sich ausdehnte, bildeten sich aus dieser Energie alle möglichen Elementarteilchen, von denen die meisten aber schnell wieder zerfielen oder zerstrahlten. Schließlich blieben nur stabile Protonen und Elektronen übrig, die sich zu Wasserstoffatomen vereinigten. Aufgrund der Gravitation zogen sich die Wasserstoffatome zu riesigen Wolken zusammen, in denen sie sich vielerorts weiter zu Sternen verdichteten - die Galaxien waren geboren.

Mit dem Urknall entstand nicht nur das materielle Universum, sondern auch Raum und Zeit (in der Allgemeinen Relativitätstheorie ist die Raumzeit ohnehin eng mit Masse bzw. Energie verknüpft). Der Urknall fand also nicht an irgendeinem Ort im Weltraum statt, sondern der Raum war zuerst selbst fast nur ein Punkt und dehnt sich seitdem unablässig aus. Man vergleicht das Universum daher gern mit einem Luftballon, der immer weiter aufgeblasen wird. Die Auseinanderbewegung der Galaxien beruht nicht darauf, dass sie selbst entsprechende Geschwindigkeiten haben, sondern folgt aus der Expansion des Raumes - so wie sich Punkte auf dem immer größer werdenden Luftballon automatisch voneinander entfernen. Deshalb ist die Rotverschiebung auch kein Doppler-Effekt, vielmehr wird die Wellenlänge des Lichts auf seinem Weg durch den expandierenden Weltraum schlicht auseinander gezogen. Die Galaxien wie auch die Abstände in unserem Sonnensystem werden jedoch nicht größer, weil die Himmelskörper durch die Gravitationskräfte zusammengehalten werden. Die Frage, worin oder wohin sich das Universum ausdehnt, macht keinen Sinn, denn es gibt außerhalb keinen Raum. Da auch die Zeit erst mit dem Urknall begann, ist es ebenso

sinnlos zu fragen, was davor war. Beide Fragen entsprechen
der nach einem Ort nördlich des Nordpols.

Dass die gesamte Materie des Universums, ja sogar der
unermessliche Raum einst auf die Größe eines Punktes ge-
schrumpft war, ist für uns kaum vorstellbar. Die Urknalltheorie kommt aber offenbar dem menschlichen Be-
dürfnis nach einem einmaligen Schöpfungsakt - einem
absoluten Anfang der Welt - sehr entgegen. Physikalisch bekam die Urknalltheorie Auftrieb durch die Entdeckung der
kosmischen Hintergrundstrahlung im Jahr 1965.

Der ganze Weltraum ist nämlich von einer elektromagnetischen Strahlung erfüllt, die das Spektrum einer schwarzen Strahlung aufweist - sie entspricht der Wärmestrahlung
eines schwarzen Körpers mit einer Temperatur von nur 2,7
K. Dabei ist diese Strahlung immer und in allen Richtungen
gleich, so dass sie dem gleichmäßigen Rauschen in einem
Rundfunksignal ähnelt. Die Physiker interpretieren die kosmische Hintergrundstrahlung als Echo des Urknalls: Sie
entstand kurz nach dem Urknall, als das Universum sehr
heiß war. Mit der Expansion des Weltraums wurden die
Wellenlängen der Strahlung aber ebenfalls gedehnt, weswegen sich die Strahlung gleichsam „abkühlte", bis sie ihre
heutige Temperatur erreichte, die nur knapp über dem absoluten Nullpunkt liegt.

Gegen Ende des 20. Jahrhunderts zeigten neue satelliten-
gestützte Präzisionsmessungen der Hintergrundstrahlung,
dass ihr Spektrum doch nicht in allen Richtungen exakt
gleich ist. Die Unterschiede sind aber so gering, dass die zugehörigen Temperaturschwankungen nur einige Hundert-

tausendstel Kelvin betragen. Darin spiegelt sich nach Meinung der Physiker die Materieverteilung im frühen Universum wider, in der sich die ersten Galaxien abzeichnen. Aus der genauen Analyse der geringfügigen Fluktuationen zogen die Urknalltheoretiker weitreichende Schlüsse: So soll von der Gesamtenergie unseres Universums nur 4% auf die uns vertraute Materie entfallen, 25% auf eine Dunkle Materie, 70% auf eine Dunkle Energie und das restliche Prozent auf Strahlung. Was hat es mit der Dunklen Materie und Energie auf sich?

Die Dunkle Materie besteht nicht aus den bekannten Elementarteilchen, sondern ist eine ganz andere Form von Materie. Sie macht sich nur durch ihre Masse sprich Gravitationswirkung bemerkbar, unterliegt aber nicht den anderen fundamentalen Wechselwirkungen. So kann sie weder Licht absorbieren noch aussenden und ist deshalb unsichtbar, also „dunkel".

Die hypothetische Dunkle Materie kommt gerade recht, auch ein anderes Problem zu lösen, auf das die Physiker schon früher gestoßen sind: Viele Galaxien treten in Gruppen auf, in denen sie durch die Gravitation zusammengehalten werden und sich gegenseitig umkreisen - die Milchstraße gehört mit anderen Galaxien wie dem Andromedanebel und den Magellan'schen Wolken der sog. Lokalen Gruppe an. Bestimmt man für einen solchen Galaxienhaufen aus der Leuchtkraft der Galaxien deren Masse, so ergibt sich eine viel zu kleine Gesamtmasse, um den Haufen zusammenhalten zu können. Denn die kinetische Energie der Galaxien ist dann weit größer als ihre Gravitationsenergie, so dass der Haufen auseinanderfliegen müsste. Die fehlende Masse soll nun die Dunkle Materie liefern. Es könnte natürlich ebenso gut sein, dass der Großteil der Masse einer Galaxie in nicht sichtbarer gewöhnlicher Materie steckt, d.h. in nicht leuchtenden Himmelskörpern, ausgedehnten Dunkelwolken und großen Schwarzen Löchern.

Nun zur Dunklen Energie: Sie sorgt dafür, dass sich Massen auch abstoßen, stellt also eine Art umgekehrter Gravitation dar. Diese mysteriöse Energieform postulierten die Urknalltheoretiker, weil sie im Jahr 1998 aus den Rotverschiebungen weit entfernter Galaxien schlossen, dass diese sich immer schneller von uns entfernen. Demnach verläuft die Expansion unseres Universums im großen Maßstab nicht mehr gleichförmig, sondern beschleunigt, weswegen die Dunkle Energie erst bei Distanzen von Millionen Lichtjahren zum Tragen kommt.

Auch die Dunkle Energie hat bereits eine Geschichte: Einstein führte in seiner Allgemeinen Relativitätstheorie eine Kosmologische Konstante ein, die ebenfalls für eine abstoßende Gravitation stand. Sonst hätte seine Theorie kein stabiles statisches Universum zugelassen, in dem die Gesamtmasse gleich bleibt und die Galaxien relativ zueinander ruhen. Als später das Bild des expandierenden Weltraums aufkam, wurde die Kosmologische Konstante überflüssig, und Einstein selbst nannte sie die „größte Eselei" seines Lebens. Jetzt greifen die Urknallanhänger die ausgemusterte Konstante wieder auf und interpretieren sie als Ausdruck für die Dunkle Energie. Sie geben der Kosmologischen Konstante sogar eine physikalische Deutung und setzen sie mit der Vakuumenergie gleich (der Energie der quantenmechanischen Felder im Vakuum), obwohl erste Abschätzungen für die beiden Energien völlig andere Werte liefern.

Wie dem auch alles sei: Fakt ist jedenfalls, dass bis heute weder die Dunkle Materie noch die Dunkle Energie in irgendeiner Weise experimentell nachgewiesen wurde. Nicht nur der physikalische Laie bekommt den Eindruck, dass die Urknalltheorie ein immer abenteuerlicheres Gedankengebäude errichten muss, um sich halten zu können. Das Ganze erinnert ein wenig an die Zeit, als die Gelehrten noch die Erde als Mittelpunkt des Sonnensystems auffassten und lauter künstliche Hilfskonstruktionen benötigten, damit sie die Bahnen der Planeten korrekt beschreiben konnten. Oder einfach gesagt: Ist die Urknalltheorie wirklich der Weisheit letzter Schluss? In der Tat gibt es mindestens eine physikalisch fundierte und ernstzunehmende Alternative, die allerdings von der etablierten Wissenschaftlergemeinde (die ja auch ihren guten Ruf zu verlieren hat) abgelehnt, um nicht zu sagen geächtet wird. Dennoch will ich diese Alternative im Folgenden kurz schildern, weil ich sie auch persönlich für sehr interessant halte:

Der Astronom Halton Arp entdeckte, dass mitunter zwei Galaxien mit ganz unterschiedlichen Rotverschiebungen offenbar über eine Materiebrücke physikalisch miteinander verbunden sind. Im Urknallmodell wäre so etwas nicht möglich, weil die Galaxien sehr weit voneinander entfernt sein müssten und nur zufällig von der Erde aus gesehen dicht nebeneinander stehen. Wenn das aber zutrifft und die Verbindung tatsächlich besteht, muss die Grundannahme der Urknalltheorie falsch sein, dass nämlich Rotverschiebung gleich Expansionsgeschwindigkeit ist. Was aber ist dann die Ursache der Rotverschiebung?

Arp glaubt nicht, dass das Universum mit all seiner Materie in einem einmaligen Urknall entstand, sondern dass im Weltraum kontinuierlich Materie in Form von Elementarteilchen erzeugt wird, was ja quantenmechanisch aus der Vakuumenergie durchaus möglich ist. Die Rotverschiebung ist dann ein Maß für das Alter der Materie. Warum? Ein neu geborenes Teilchen kann nicht gleich mit dem ganzen Weltall in Wechselwirkung treten, weil sich auch Feldquanten höchstens mit Lichtgeschwindigkeit ausbreiten. Vielmehr „spürt" das Teilchen nur ein kugelförmiges Raumgebiet um sich herum, das sich mit Lichtgeschwindigkeit vergrößert. So kann es erst allmählich mit immer mehr Massen Gravitonen austauschen, wodurch seine eigene Masse im Laufe der Zeit zunimmt. Nun hängen aber die Energiezustände in Atomen und damit die Energie der absorbierten und ausgesandten Photonen auch von der Elektronenmasse ab. Je kleiner die Masse des Elektrons sprich je jünger die Materie, desto größere Wellenlängen haben daher die Absorptionslinien, d.h. desto stärker ist die Rotverschiebung.

Da der Blick in den Weltraum ein Blick zurück in der Zeit ist, erklären sich die beobachteten Rotverschiebungen dann von selbst: Wenn eine Galaxie so alt ist wie unsere Milchstraße, muss sie eine umso größere Rotverschiebung aufweisen, je weiter sie entfernt ist, denn umso länger ist es her, dass sie das heute auf der Erde ankommende Licht abstrahlte, und entsprechend jünger war sie damals. Arps Modell kommt deshalb ganz ohne eine Expansion des Raumes aus, vielmehr gab es schon immer eine unbewegte Raumzeit. Die übermäßig großen Rotverschiebungen weit entfernter Galaxien, die auf einer Dunklen Energie beruhen sollen, rühren bei Arp einfach daher, dass diese Galaxien erst nach der Milchstraße entstanden sind. Der unserer Lokalen Gruppe benachbarte mächtige Virgohaufen zeigt sogar eine leichte Blauverschiebung, was schlicht heißt, dass dieser Galaxienhaufen noch älter ist als die Milchstraße.

Arps Weltmodell mit zeitabhängigen Massen stellt nicht nur einen kühnen Denkansatz dar, der die experimentellen Befunde elegant erklärt, ein derartiges Universum verträgt sich auch mit der Allgemeinen Relativitätstheorie. Quantenmechanisch ist die Wahrscheinlichkeit für die Erzeugung von Teilchen aus dem Vakuum dort am größten, wo der Raum am stärksten gekrümmt ist, d.h. wo es schon viel Masse gibt. Neue Materie entsteht daher in erster Linie in den bereits vorhandenen Galaxien, die sogar zu Brutstätten ganzer Tochtergalaxien werden können, die sich dann von der Muttergalaxie abschnüren und in den Weltraum ausgestoßen werden. Somit ähnelt Arps Universum geradezu einer Anhäufung lebender Organismen, die sich selbst fortpflanzen. Außerdem zeigen die gemessenen Rotverschiebungen eine Periodizität, die in der Urknalltheorie rätselhaft bleibt, in Arps Modell aber einfach bedeutet, dass die Schöpfung neuer Materie in Schüben erfolgt.

Ein krasser Unterschied zwischen beiden Modellen offenbart sich auch in der Interpretation von Quasaren. Das sind Objekte, die selbst in stärksten Fernrohren meist nur sternförmig aussehen und extrem hohe Rotverschiebungen haben. Für die Urknalltheoretiker sind Quasare daher Galaxien am äußersten Rand des sichtbaren Universums, die aber gewaltige Energiemengen produzieren müssen, damit wir sie noch wahrnehmen können. Für Arp hingegen handelt es sich um kleine Wolken oder Sternhaufen aus blutjunger Materie, die erst vor kurzem von einer Galaxie ausgespien wurden. Um es mit einem Bild aus dem Alltag auszudrücken: Wenn man nachts in 10 m Entfernung ein Lagerfeuer (Galaxie) und daneben einen Lichtpunkt (Quasar) sieht, dann ist der Lichtpunkt in der Urknalltheorie ein 10 km entfernter Großbrand, bei Arp nur ein glühendes Rußteilchen, das aus dem Lagerfeuer stammt.

## Weltformel: Die Vereinigung von Mikrokosmos und Makrokosmos

Neben der Entstehung und Entwicklung des Universums beschäftigt die Physiker derzeit vor allem Einsteins Traum von einer „Weltformel", d.h. die Vereinigung der Grundkräfte der Natur. Theoretiker rund um die Welt arbeiten fieberhaft an einer umfassenden Theorie, aus der sich alle vier fundamentalen Wechselwirkungen ergeben.

Das Standardmodell der Teilchenphysik vereinigt bereits drei davon, nämlich die elektromagnetische, die schwache und die starke Wechselwirkung. Bei extrem hohen Teilchenenergien sollen sie sogar verschmelzen, d.h. sie sind dann nicht mehr voneinander zu unterscheiden. Dass sich diese drei Wechselwirkungen in unserer normalen Welt ganz verschieden äußern, liegt der Theorie zufolge an einem allgegenwärtigen hypothetischen Feld, das den Namen Higgs-Feld trägt. Dessen Feldquant, das Higgs-Boson, besitzt allerdings eine so große Ruhemasse, dass es in heutigen Teilchenbeschleunigern nicht erzeugt werden kann.

Kopfzerbrechen bereitet den Physikern, wie sich die vierte Wechselwirkung, die Gravitation, in das Standardmodell einfügen soll. Schließlich scheinen sich die zugehörigen Theorien, die Allgemeine Relativitätstheorie mit ihrem klassischen Determinismus und die Quantenmechanik mit ihren Wahrscheinlichkeitsaussagen, unversöhnlich gegenüberzustehen. Vor allem kennt die Relativitätstheorie keine Quantelung von physikalischen Messgrößen. Gesucht wird daher letztendlich eine Theorie der Quantengravitation, für die es derzeit zwei aussichtsreiche Kandidaten gibt: die String-Theorie (*string* = Faden) und die Loop-Gravitation (*loop* = Schleife).

Die Mehrzahl der Physiker favorisiert die String-Theorie, von der es inzwischen zahlreiche mehr oder weniger ausgereifte Varianten gibt. In der String-Theorie sind die Elementarteilchen keine punktförmigen Objekte, sondern winzige Fäden, die wie eine Gitarrensaite Grund- und Oberschwingungen ausführen können. Jeder Schwingungszustand repräsentiert ein anderes Elementarteilchen. Damit die String-Theorie unsere Natur richtig beschreiben kann und auch Gravitonen zulässt, sind zwei sehr befremdende Annahmen nötig:

Zunächst muss unsere Welt neben den drei vertrauten Raumdimensionen noch sechs oder gar sieben weitere besitzen. Demnach leben wir nicht in einer vierdimensionalen, sondern in einer zehn- oder elfdimensionalen Raumzeit. Dass wir die zusätzlichen Raumdimensionen nicht wahrnehmen, kann zwei Gründe haben: Erstens könnten diese Dimensionen eingerollt sein. Ein anschaulicher Vergleich aus dem Alltag: Wenn man ein zweidimensionales Blatt Papier ganz eng einrollt und aus der Ferne betrachtet, sieht die Rolle wie ein eindimensionaler Strich aus. Zweitens könnten die übrigen Raumdimensionen ebenfalls unendlich sein, aber wir bemerken sie nicht, weil unsere Welt auf einer dreidimensionalen „Membran" haftet, die sich durch die höheren Dimensionen bewegt - so wie es im Alltag eine zweidimensionale Membran im dreidimensionalen Raum tun kann.

Außerdem fordert die String-Theorie die Existenz weiterer Elementarteilchen. In den ersten Entwürfen der Theorie fühlten die Physiker daher sog. Tachyonen ein, verwarfen sie dann aber wieder, weil sie sich mit Überlichtgeschwindigkeit ausbreiten müssten, was die Relativitätstheorie verbietet. Alternativ bieten sich supersymmetrische Teilchen an. Die postulierte Supersymmetrie wäre ein neues und seltsames Prinzip der Natur, das Fermionen und Bosonen vertauscht: Es ordnet jedem Elementarteilchen einen hypothetischen supersymmetrischen Partner zu - jedem Fermion ein Boson und jedem Boson ein Fermion. So bezeichnen die Physiker die zu Quarks, Elektronen und Neutrinos gehörigen supersymmetrischen Bosonen als Squarks, Selektronen und Sneutrinos, und die fermionischen Gegenstücke zu den Wechselwirkungsbosonen wie dem Photon erhielten so klangvolle Namen wie Photino.

Nach der Theorie sind all diese supersymmetrischen Teilchen so schwer, dass sie sich bislang in Teilchenbeschleunigern nicht nachweisen lassen. Dennoch werden sie bereits als heiße Kandidaten für die geheimnisvolle Dunkle Materie gehandelt. Das gilt besonders für das Neutralino, das leichteste von ihnen. Das Neutralino soll eine Mischung aus dem Photino und den supersymmetrischen Partnern anderer Bosonen sein. Da es elektrisch neutral ist, zeigt es keine elektromagnetische Wechselwirkung und erfüllt damit gut die Voraussetzungen für ein Teilchen der Dunklen Materie.

Kommen wir nun noch zur Loop-Gravitation: Um eine Quantengravitation zu schaffen, geht diese Theorie einen verblüffend einfachen Weg. So wie die Materie nicht beliebig weit teilbar ist, sondern aus kleinsten Quanten sprich Elementarteilchen aufgebaut ist, soll auch die Raumzeit aus winzigen Quanten bestehen. Dann setzt sich der Raum aus lauter kleinsten Raumeinheiten zusammen, d.h. jedes Volumen ist ein Vielfaches einer unteilbaren Volumeneinheit. Allerdings ist die Kantenlänge eines solchen Elementarwürfels unmessbar klein: Sie beträgt eine sog. Planck-Länge, die gleich $10^{-35}$ m ist. Das bedeutet übrigens auch, dass nicht immer winzigere und elementarere Teilchen gefunden werden können, weil sie nicht kleiner als eine Planck-Länge sein dürfen. In der Loop-Gravitation ist auch die Zeit gequantelt: Sie schreitet nicht kontinuierlich voran, sondern stets nur in winzigen Zeitsprüngen. Ein bildlicher Vergleich mit der anschaulich großen Zeiteinheit Minute: Die Zeit verläuft nicht gleichmäßig wie der große Zeiger einer Kirchenuhr, sondern tickt im Minutentakt wie die Anzeige einer Quarzuhr. Ein Informatiker würde sagen: Raum und Zeit sind keine analogen Messgrößen, sondern von digitaler Natur - wie letztendlich auch alle Eigenschaften der Materie sprich Ladung, Masse oder Drehimpuls.

Die Frage welche Theorie in die richtige Richtung weist, veranlasste im Jahr 2007 die Inbetriebnahme des LHC (Large Hadron Collider) bei Genf, der größte bislang gebaute Teilchenbeschleuniger. Diese gewaltige Anlage liefert so hohe Teilchenenergien, dass sich prinzipiell damit sogar Higgs-Bosonen und supersymmetrische Teilchen erzeugen lassen - falls sie existieren. Wir sind also noch lange nicht am Ende aller Weisheit.

# Elektromagnetisches Spektrum

|  | Wellenlänge | Größenordnung | Frequenz |
| --- | --- | --- | --- |
| **Radiowellen** |  |  |  |
| Langwellen (LW) | 10 km – 1 km | $10^3$ m | 30 kHz – 300 kHz |
| Mittelwellen (MW) | 1 km – 100 m | $10^2$ m | 300 kHz – 3 MHz |
| Kurzwellen (KW) | 100 m – 10 m | $10^1$ m | 3 MHz – 30 MHz |
| Ultrakurzwellen (UKW) | 10 m – 1 m | $10^0$ m | 30 MHz – 300 MHz |
| Mikrowellen | 1 m – 1 mm | $10^{-1}$ m - $10^{-3}$ m | 300 MHz – 300 GHz |
| Infrarotstrahlung | 1 mm – 780 nm | $10^{-4}$ m - $10^{-6}$ |  |
| **Licht** | 780 nm – 380 nm | $10^{-7}$ m |  |
| rot | 780 nm – 600 nm |  |  |
| gelb | 600 nm – 550 nm |  |  |
| grün | 550 nm – 480 nm |  |  |
| blau | 480 nm – 420 nm |  |  |
| violett | 420 nm – 380 nm |  |  |
| Ultraviolettstrahlung | 380 nm 10 nm | $10^{-8}$ m |  |
| Röntgenstrahlung | 10 nm – 10 pm | $10^{-9}$ - $10^{-11}$ m |  |
| Gammastrahlung | < 10 pm | $10^{-12}$ - $10^{-13}$ m |  |

## Das Periodensystem der Elemente

| | IA | IIA | IIIB | IVB | VB | VIB | VIIB | VIIIB | VIIIB | VIIIB | IB | IIB | IIIA | IVA | VA | VIA | VIIA | VIIIA |
|---|---|---|---|---|---|---|---|---|---|---|---|---|---|---|---|---|---|---|
| 1 | 1,00797<br>H<br>1 | | | | | | | | | | | | | | | | | 4,0026<br>He<br>2 |
| 2 | 6,939<br>Li<br>3 | 9,01218<br>Be<br>4 | | | | | | | | | | | 10,811<br>B<br>5 | 12,0111<br>C<br>6 | 14,0067<br>N<br>7 | 15,9994<br>O<br>8 | 18,9984<br>F<br>9 | 20,183<br>Ne<br>10 |
| 3 | 22,9898<br>Na<br>11 | 24,312<br>Mg<br>12 | | | | | | | | | | | 26,9815<br>Al<br>13 | 28,086<br>Si<br>14 | 30,9738<br>P<br>15 | 32,064<br>S<br>16 | 35,453<br>Cl<br>17 | 39,948<br>Ar<br>18 |
| 4 | 39,102<br>K<br>19 | 40,08<br>Ca<br>20 | 44,956<br>Sc<br>21 | 47,90<br>Ti<br>22 | 50,942<br>V<br>23 | 51,996<br>Cr<br>24 | 54,938<br>Mn<br>25 | 55,847<br>Fe<br>26 | 58,9332<br>Co<br>27 | 58,71<br>Ni<br>28 | 63,546<br>Cu<br>29 | 65,38<br>Zn<br>30 | 69,72<br>Ga<br>31 | 72,59<br>Ge<br>32 | 74,9216<br>As<br>33 | 78,96<br>Se<br>34 | 79,90<br>Br<br>35 | 83,80<br>Kr<br>36 |
| 5 | 85,47<br>Rb<br>37 | 87,62<br>Sr<br>38 | 88,91<br>Y<br>39 | 91,22<br>Zr<br>40 | 92,906<br>Nb<br>41 | 95,94<br>Mo<br>42 | 98,91<br>Tc<br>43 | 101,07<br>Ru<br>44 | 102,91<br>Rh<br>45 | 106,4<br>Pd<br>46 | 107,87<br>Ag<br>47 | 112,40<br>Cd<br>48 | 114,82<br>In<br>49 | 118,69<br>Sn<br>50 | 121,75<br>Sb<br>51 | 127,60<br>Te<br>52 | 126,904<br>I<br>53 | 131,30<br>Xe<br>54 |
| 6 | 132,905<br>Cs<br>55 | 137,34<br>Ba<br>56 | 138,91<br>La*<br>57 | 178,49<br>Hf<br>72 | 180,948<br>Ta<br>73 | 183,85<br>W<br>74 | 186,2<br>Re<br>75 | 190,2<br>Os<br>76 | 192,22<br>Ir<br>77 | 195,09<br>Pt<br>78 | 196,967<br>Au<br>79 | 200,59<br>Hg<br>80 | 204,37<br>Tl<br>81 | 207,19<br>Pb<br>82 | 208,98<br>Bi<br>83 | (210)<br>Po<br>84 | (210)<br>At<br>85 | (222)<br>Rn<br>86 |
| 7 | (223)<br>Fr<br>87 | 226,03<br>Ra<br>88 | (227)<br>Ac**<br>89 | (260)<br>Rf<br>104 | (260)<br>Db<br>105 | (262)<br>Sg<br>106 | (262)<br>Bh<br>107 | (262)<br>Hs<br>108 | (266)<br>Mt<br>109 | | | | | | | | | |

| * | 140,12<br>Ce<br>58 | 140,91<br>Pr<br>59 | 144,24<br>Nd<br>60 | (145)<br>Pm<br>61 | 150,35<br>Sm<br>62 | 151,96<br>Eu<br>63 | 157,25<br>Gd<br>64 | 158,92<br>Tb<br>65 | 162,50<br>Dy<br>66 | 164,930<br>Ho<br>67 | 167,26<br>Er<br>68 | 168,934<br>Tm<br>69 | 173,04<br>Yb<br>70 | 174,97<br>Lu<br>71 |
|---|---|---|---|---|---|---|---|---|---|---|---|---|---|---|

| ** | 232,038<br>Th<br>90 | 231,036<br>Pa<br>91 | 238,029<br>U<br>92 | 237,048<br>Np<br>93 | 239,1<br>Pu<br>94 | (243)<br>Am<br>95 | (247)<br>Cm<br>96 | (247)<br>Bk<br>97 | (251)<br>Cf<br>98 | (254)<br>Es<br>99 | (257)<br>Fm<br>100 | (256)<br>Md<br>101 | (254)<br>No<br>102 | (257)<br>Lr<br>103 |
|---|---|---|---|---|---|---|---|---|---|---|---|---|---|---|

# Die chemischen Elemente

| | | | | |
|---|---|---|---|---|
| Ac | Actinium | | N | Stickstoff (gr. nitrogenium) |
| Ag | Silber (lat. argentum) | | Na | Natrium |
| Al | Aluminium | | Nb | Niob |
| Am | Americium | | Nd | Neodym |
| Ar | Argon | | Ne | Neon |
| As | Arsen | | Ni | Nickel |
| At | Astatin | | No | Nobelium |
| Au | Gold (lat. aurum) | | Np | Neptiunium |
| B | Bor | | O | Sauerstoff (gr. oxygenium) |
| Ba | Barium | | Os | Osmium |
| Be | Beryllium | | P | Phosphor |
| Bh | Bohrium | | Pa | Protactinium |
| Bi | Wismut (eng. bismuth) | | Pb | Blei (lat. plumbum) |
| Bk | Berkelium | | Pd | Palladium |
| Br | Brom | | Pm | Promethium |
| C | Kohlenstoff (lat. carbo) | | Po | Polonium |
| Ca | Calcium | | Pr | Praseodym |
| Cd | Cadmium | | Pt | Platin |
| Ce | Cer | | Pu | Plutonium |
| Cf | Californium | | Ra | Radium |
| Cl | Chlor | | Rb | Rubidium |
| Cm | Curium | | Re | Rhenium |
| Co | Kobalt | | Rf | Rutherfordium |
| Cr | Chrom | | Rh | Rhodium |
| Cs | Cäsium | | Rn | Radon |
| Cu | Kupfer (lat. cuprum) | | Ru | Ruthenium |
| Db | Dubnium | | S | Schwefel |
| Dy | Dysprosium | | Sb | Antimon (lat. stibium) |
| Er | Erbium | | Sc | Scandium |
| Es | Einsteinium | | Se | Selen |
| Eu | Europium | | Sg | Seaborgium |
| F | Fluor | | Si | Silizium |
| Fe | Eisen (lat. ferrum) | | Sm | Samarium |
| Fm | Fermium | | Sn | Zinn (lat. stannum) |
| Fr | Francium | | Sr | Strontium |
| Ga | Gallium | | Ta | Tantal |
| Gd | Gadolinium | | Tb | Terbium |
| Ge | Germanium | | Tc | Technetium |
| H | Wasserstoff (gr. hydrogenium) | | Te | Tellur |
| He | Helium | | Th | Thorium |
| Hf | Hafnium | | Ti | Titan |
| Hg | Quecksilber (gr. hydrargyrum) | | Tl | Thallium |
| Ho | Holmium | | Tm | Thulium |
| Hs | Hassium | | U | Uran |
| I | Jod | | V | Vanadin |
| In | Indium | | W | Wolfram |
| Ir | Iridium | | Xe | Xenon |
| K | Kalium | | Y | Yttrium |
| Kr | Krypton | | Yb | Ytterbium |
| La | Lanthan | | Zn | Zink |
| Li | Lithium | | Zr | Zirkonium |
| Lr | Lawrencium | | | |
| Lu | Lutetium | | | |
| Md | Mendelevium | | | |
| Mg | Magnesium | | | |
| Mn | Mangan | | | |
| Mo | Molybdän | | | |
| Mt | Meitnerium | | | |